孟兆祯 院士
学术思想研究

《孟兆祯院士学术思想研究》编委会 编

中国林业出版社

图书在版编目（CIP）数据

孟兆祯院士学术思想研究/《孟兆祯院士学术思想研究》编委会编 . — 北京：
中国林业出版社 , 2022.10

ISBN 978-7-5219-1849-6

Ⅰ . ①孟… Ⅱ . ①孟… Ⅲ . ①园林 – 规划 – 研究 ②园林设计 – 研究
Ⅳ . ① S7

中国版本图书馆 CIP 数据核字（2022）第 158790 号

策划编辑：杜　娟　杨长峰
责任编辑：杜　娟　李　鹏　邵晓娟
电　　话：（010）83143553

出版发行　中国林业出版社
　　　　　　（100009　北京市西城区刘海胡同 7 号）
书籍设计　北京美光设计制版有限公司
印　　刷　北京富诚彩色印刷有限公司
版　　次　2022 年 10 月第 1 版
印　　次　2022 年 10 月第 1 次印刷
开　　本　710mm × 1000mm　1/16
印　　张　14.25
字　　数　287 千字
定　　价　98.00 元

出版说明

北京林业大学自1952年建校以来，已走过70年的辉煌历程。七十年栉风沐雨，砥砺奋进，学校始终与国家同呼吸、共命运，瞄准国家重大战略需求，全力支撑服务"国之大者"，始终牢记和践行为党育人、为国育才的初心使命，勇担"替河山装成锦绣、把国土绘成丹青"重任，描绘出一幅兴学报国、艰苦创业的绚丽画卷，为我国生态文明建设和林草事业高质量发展作出了卓越贡献。

先辈开启学脉，后辈初心不改。建校70年以来，北京林业大学先后为我国林草事业培养了20余万名优秀人才，其中包括以16名院士为杰出代表的大师级人物。他们具有坚定的理想信念，强烈的爱国情怀，理论功底深厚，专业知识扎实，善于发现科学问题并引领科学发展，勇于承担国家重大工程、重大科学任务，在我国林草事业发展的关键时间节点都发挥了重要作用，为实现我国林草科技重大创新、引领生态文明建设贡献了毕生心血。

为了全面、系统地总结以院士为代表的大师级人物的学术思想，把他们的科学思想、育人理念和创新技术记录下来、传承下去，为我国林草事业积累精神财富，为全面推动林草事业高质量发展提供有益借鉴，北京林业大学党委研究决定，在校庆70周年到来之际，成立《北京林业大学学术思想文库》编委会，组织编写体现我校学术思想内涵和特色的系列丛书，更好地传承大师的根和脉。

以习近平同志为核心的党中央以前所未有的力度抓生态文明建设，大力推进生态文明理论创新、实践创新、制度创新，创立了习近平生态文明思想，美丽中国建设迈出重大步伐，我国生态环境保护发生历史性、转折性、全局性变化。星光不负赶路人，江河眷顾奋楫者。站在新的历史方位上，以文库的形式出版学术思想著作，具有重大的理论现实意义和实践历史意义。大师即成就、大师即经验、大师即精神、大师即文化，大师是我校事业发展的宝贵财富，他们的成长历程反映了我校扎根中国大地办大学的发展轨迹，文库记载了他们从科研到管理、从思想到精神、从潜心治学到立德树人的生动案例。文库力求做到真实、客观、全面、生动地反映大师们的学术成就、科技成果、思想品格和育人理念，彰显大师学术思想精髓，有助于一代代林草人薪火相传。文库的出版对于培养林草人才、助推林草事业、铸造林草行业新的辉煌成就，将发挥"成就展示、铸魂育人、文化传承、学脉赓续"的良好效果。

文库是校史编撰重要组成部分，同时也是一个开放的学术平台，它将随着理论和实践的发展而不断丰富完善，增添新思想、新成员。它的出版必将大力弘扬"植绿报国"的北林精神，吸引更多的后辈热爱林草事业、投身林草事业、奉献林草事业，为建设扎根中国大地的世界一流林业大学接续奋斗，在实现第二个百年奋斗目标的伟大征程中作出更大贡献！

《北京林业大学学术思想文库》编委会
2022年9月

前　言

孟兆祯（1932—2022），中国工程院院士、北京林业大学园林学院教授、博士生导师，曾任中国风景园林学会名誉理事长、北京园林学会名誉理事长、《中国园林》杂志顾问、《风景园林》杂志名誉主编、清华大学及北方工业大学客座教授等职务。他是中国风景园林学界的一代宗师，无论在教书育人、学术研究还是规划设计领域均取得了重要成就，蜚声海内外，桃李满天下。

孟兆祯的突出成就主要体现在以下三个方面：

一、在66年的潜心教学、研究和实践中，他虚心求教，博采众长，总结继承了中国传统园林的精髓，并巧妙地与国家生态环境保护和人居环境建设有机结合，出版了《避暑山庄园林艺术》和《园衍》等重要学术著作，主持设计了具有里程碑意义的深圳仙湖植物园等重大规划设计项目，奠定了孟兆祯风景园林学派的基本理论和实践方向。

二、他注重言传身教，培铸学生专业技能和文化素养，探索规划设计教学方法，将中国园林理法研究与教学实践相结合，形成了具有中国特色的风景园林规划设计教学体系。20世纪90年代初，时任系主任的孟兆祯指导学生连续3届获得国际风景园林师联合会（IFLA）设计竞赛第一名暨联合国教科文组织大奖以及国际风景园林师联合会亚太区设计竞赛第一名，实现了中国学生获得国际设计竞赛大奖零的突破，开创了北京林业大学在国际风景园林师联合会大学生设计竞赛中长期占据优势的局面，奠定了中国风景园林教育在国际的领先地位，在国际学坛产生了重要的影响。

三、他在担任住房和城乡建设部风景园林专家委员会主任和北京市人民政府园林绿化专家组组长期间，为我国多地的生态环境保护、人居环境建设、风景名胜保护和历史园林保护出谋划策，制定良方，积极弘扬中国传统园林文化，正本清源，所做的贡献在学界得到了广泛赞誉。

《孟兆祯院士学术思想研究》共分为5个章节，分别回顾了孟兆祯的学术历程、理法体系、名景析要、设计实践及学术评述等方面内容，另在附录中梳理了相对完整的孟兆祯年表、学术成果以及设计实践成果。

2022年是北京林业大学建校70周年，本书是在北京林业大学校党委、科技处、宣传部及园林学院党委的统一部署和指导下完成的，中国林业出版社承担了极为繁重的编辑审校工作，在此一并表示感谢！因时间和能力所限，本书对孟兆祯院士学术思想的研究仍不完备，敬请广大同行和读者包涵指正。

《孟兆祯院士学术思想研究》编委会

2022年8月

目 录

第二章　借景为核心，一法贯众法：孟兆祯理法体系

第三章　移情因所遇，景面寄文心：孟兆祯名景析要

第四章 从来多古意，可以赋新诗：孟兆祯设计实践

第五章　山水宜去伪，林泉梦肇真：孟兆祯学术评述

图　录

第一章

昭昭鉴文心，守正宜创新：
孟兆祯学术历程

图 1-1　孟兆祯绘制手稿
（孟兆祯家人 供图）

　　孟兆祯在其学术生涯中始终以继承和发展中国园林的民族传统为己任，一直奋斗在教学、科研一线，并通过"以教带研"的方式，使得教学与学术研究相辅相成。他倡导"左图右画开卷有益，模山范水出户方精"，在山石研究、园林史研究等领域成绩斐然，先后出版了《假山浅识》《避暑山庄园林艺术》《孟兆祯文集——风景园林理论与实践》等一系列学术成果。其中的《园衍》是孟兆祯理论研究的集大成之作，是对以《园冶》为代表的中国园林思想创造性继承与发展，是孟兆祯风景园林学派思想确立的标志。

　　孟兆祯在繁忙的教学和科研活动之余，自20世纪80年代起主持了大量的风景园林规划设计项目，获得了一系列的重要奖励和广大人民群众的热烈好评。从1984年深圳仙湖风景植物园到2017年扬州园冶园，都是孟兆祯践行其风景园林学派思想，继承中国传统园林理法的创新成果。

　　孟兆祯酷爱京剧、书法与山水画。这些艺术门类极大地丰富了他的中国传统文化修养，并与其风景园林事业的研究、教学与实践相得益彰，共同推动了学术思想的进一步升华。

第一节

新域初拓，志在山水

孟兆祯出生于武汉，就读于重庆南开中学，1952年来到北京进入"造园组"学习，他在学科创建之初就与园林结下不解之缘，见证了风景园林从专业创立，到发展成为国家一级学科，逐步走向世界的蓬勃历程。

1956年，孟兆祯从北京农业大学造园专业毕业，是首届完整接受4年教学计划培养的毕业生。他留校任教并转至北京林学院至今。在大学毕业到改革开放前的20多年中，他广泛地承担园林类课程的教学任务，博中求精，并在山石研究领域攻坚求索，取得了突出成就。

这一阶段孟兆祯的治学、教学，主要有以下4点线索：

第一，师恩如海，假山初探。他受到恩师汪菊渊的影响，决心致力于中国风景园林传统理法的研究，并将最难学的假山作为学习的重点。从《山石小品艺术初探》《假山浅识》到《北海假山浅释》等文章，见证了其山石研究成果逐步精进的过程。

第二，言传身教，跬步千里。他早年曾讲授本科生的多门课程，打下了博学多闻的基础。同时他强调"行万里路"，带领学生亲临现场实习。他的足迹踏遍祖国大江南北，建构起鲜活生动的园林理论。

第三，开辟天地，学科初建。1951年，在汪菊渊和吴良镛的努力下，北京农业大学和清华大学合作开办"造园组"，是新中国第一个独立的现代造园专业，成为中国风景园林行业发展的里程碑；同时也是中国风景园林学科的前身，为形成具有中国特色的综合的园林学科奠定了基础。

第四，因缘际会，薪火相传。出于对京剧的喜爱，孟兆祯梦想到北京读戏曲专业，然而当年戏曲专业不招生，他由此成为"造园组"招收的第二批学生。从本科毕业到留校任教至今，他一直坚持在教学、科研和实践的第一线，为学生传道、授业、解惑。孟兆祯对京剧艺术的喜爱，对风景园林事业的执着，成就了他意蕴深厚的艺术人生。

一、少游有志

孟兆祯壬申年（1932年）农历九月十三日生于中国湖北省汉口市归元里。他的父亲孟威廉为怡和洋行下属航运公司职员，母亲吴兰馨出身于湖北黄陂的书香门第，是中学教师（图1-2）。他们据"国家将兴，先兆祯祥"之说，为孟兆祯及其弟取名。

抗日战争爆发后，武汉面临被日本攻占的危险，故在武汉沦陷以前孟兆祯举家（图1-3）坐船迁至当时较为安全的大后方——重庆，住在长江南岸的清水溪。起初，孟兆祯在清水溪的开智小学度过了一、二年级的时光。他喜欢的功课有语文、音乐和体育，平时跟随自己的兴趣练习书法，和共租的姐姐一道跟父亲学唱戏，并且走进大自然尽情地玩耍。接触自然、学习自然给孟兆祯的童年带来了颇多趣味，斗蛐蛐、看魔术、茶馆听书等活动都使他印象深刻。在上山下山玩耍的日子里，孟兆祯无形之中锻炼了体魄，同时自然而然地了解了重庆的风土人情、方言习俗。在清水溪的少年儿童时期，孟兆祯通过玩耍来接触文化、学习文化。

（a）孟兆祯父亲孟威廉先生　　　　　（b）孟兆祯母亲吴兰馨女士

图1-2　孟兆祯的父亲和母亲（孟兆祯家人 供图）

图1-3 少年时期孟兆祯（后排右二）与家人合照
（孟兆祯家人 供图）

　　孟兆祯的母亲十分重视对子女的教养，教会孟兆祯"与人为善""知趣"的道理。继开智小学之后，孟母希望子女受到更好的教育，后将少年孟兆祯送到重庆巴县私立半山小学做住读生。半山小学经费充足，师资力量强；校舍环境好，且亲近自然。学校开设算数、语文、历史、音乐、体育等课程，老师皆有事业心，喜钻研。转至半山小学就读后，孟兆祯在体育、音乐、文史、书法各方面都得到了全面的培养，学习的基础得到真正的夯实。他的学习成绩基本在前三名，还曾获音乐比赛第一名。寄宿期间的假期时光，孟兆祯主要是回家与母亲相聚。母亲带他去饭馆吃饭"改善生活"，向他讲述一些她看过的小说，并时常带他去看京剧。

　　小学毕业后，孟兆祯以试读生的身份考进重庆私立南开中学。该校创建于1936年，是爱国教育家张伯苓创办的南开系列学校之一，师资、教学水平高，人才辈出。孟兆祯由于初一时一心一意追求兴趣，跟随学生京剧团"厉家班"到重庆各地演出而落下功课，因而念了两个初一。后来他重视学习，中学时文科优秀，理科成绩优良。初三时，孟兆祯还曾在武汉文化中学就读一段时间，在英文、生物和管弦乐等方面受到了熏陶，后又回到南开中学读高中。在南开中学他主要的业余活动便是京剧和运动，曾参加学生京剧社和短跑活动，以百米成绩12秒2获全校第一名并参加第一届西南地区运动会。

二、学科肇始

1949年中华人民共和国成立，北京大学农学院、华北大学农学院、清华大学农学院合并组成北京农业大学（今称中国农业大学）。当时国家初建，重生产轻观赏，为此取消了各农学院的造园花卉类课程。北京农业大学有幸仍保留了这类课程，但改为选修课。

1951年，预见到中国城市建设的实际需要，中央人民政府教育部批准由北京农业大学园艺系与清华大学营建系联合试办造园专业。

在汪菊渊和吴良镛等人的共同努力下，同时也得到梁思成的支持，新中国培养全面的园林专业人才的第一个园林教育组织"造园组"在北京农业大学成立（图1-4）。教育部向苏联索取教学计划和各课程教学大纲，第一期"造园组"开设的课程包括：素描、水彩、制图（设计初步）、城市计划、测量学、营造学、中国建筑、植物分类、森林学、公园设计、园林工程等。"造园组"是中国第一个培养园林人才的教育组织，这标志着中国园林专业的创立。

1953年清华调整为综合性重点工业大学，"造园组"全体学生返回北京农业大学。

1956年3月，高等教育部发文将北京农业大学造园专业调整至北京林学院（现北京林业大学）（图1-5），1956年8月，造园专业更名为"城市及居民区绿化专业"。

图1-4　1951年10月9日，"造园组"成立批文（资料来源：清华大学档案馆）

中華人民共和國高等教育部

图 1-5　1956 年北京农业大学造园专业调整至北京林学院告示（资料来源：中国农业大学档案馆）

次年 11 月，林业部批复同意北京林学院建立城市及居民区绿化系。这是园林专业在全国最早建立的系，标志着中国园林高等教育、风景园林方面正式建系并与专业配套之始。

三、勤学精研

1952 年，孟兆祯高中毕业，同年考入北京农业大学园艺系造园专业学习，成为"造园组"招收的第二批学生，也是首次从新生开始培养的学生，全班男女生共 7 位。

孟兆祯自幼对中国京剧、书法、说书和烹调等文化深有兴趣。孟兆祯的父亲、舅舅和几位叔叔都是京剧爱好者，能唱戏、拉琴，请到武汉"跑码头"的京剧名角和朋友到家中进行交流是他们经常开展的家庭文艺活动。受到家庭的熏陶，孟兆祯从小爱听家人唱戏、向家人学戏，不到三岁的时候就能唱余派的《状元谱》，中学期间更是勤学苦练唱戏与拉琴。在爱好的驱动下，孟兆祯长大后一心想到北京学京剧，当年京剧无本科招生，他考中北京农业大学的造园专业，但尚不懂造园为何。令他真正开始接触造园的是汪菊渊和时任北京农业大学校长孙晓邨的迎新报告。孙校长说造园是"凝固的音乐"，这使畏惧必修绘画课的孟兆祯安心服从分配，学习专业知识。学科创办人之一的汪菊渊所言"中国园林有独特、优秀的民族传统，有待我们发掘、学习和发展"，深深地影响着孟兆祯。受汪菊渊启蒙，孟兆祯被中国园林激发了爱国之情，暗下决心要尽平生来挖掘这份宝贵的民族财富。

大学期间，孟兆祯师承孙筱祥、金承藻、宋维成和文金扬、陈有民等名师，学习园林艺术及设计、画法几何和园林建筑、绘画和园林树木学等课程（表 1-1、图 1-6、图 1-7）。

孟兆祯上大学时期每天练习 4 个小时胡琴，曾进入校田径代表队并获"优等生"奖励，还以百米 11 秒 7 的成绩获国家三级运动员。

表1-1 1951—1953"造园组"主要课程和师资一览表

序号	课程	师资		师资来源	备注
1	素描	李宗津		清华大学营建系	
2	水彩	华宜玉		清华大学营建系	
3	制图	莫宗江	朱自煊	清华大学营建系	
4	植物分类	崔友文		中国科学院	
5	森林学	郝景盛		中国林业科学院	
6	测量学	陈国良		清华大学土木工程系	孟兆祯补充
7	营造学	刘致平	陈文澜	清华大学营建系	先后教学
8	中国建筑	刘致平		清华大学营建系	
9	公园设计	吴良镛		清华大学营建系	
10	园林工程	梁永基	陈兆玲	清华大学土木工程系	孟兆祯补充
11	城市规划	吴良镛	胡允敬	清华大学营建系	
12	专题讲座	李嘉乐	徐德权	北京市建设局园林事务所	
13	实习	汪菊渊	陈有民	华北（北京）农业大学园艺学系	

资料来源：引自园艺系.改革课程的前途 [J].复旦农学院通讯, 1950.

图 1-6 济南实习与同学合影（第一排右四为孟兆祯）（贾祥云 供图）

图 1-7 农大东门外与农学系同学合影（左二为孟兆祯）（贾祥云 供图）

图 1-8　孟兆祯大学毕业照

（孟兆祯家人 供图）

四、良材初成

1956年，北京农业大学造园专业调整至北京林学院（现北京林业大学），孟兆祯随专业转至北京林学院。在两校师长的共同培养下，孟兆祯成长为造园专业合格的毕业生，同年获得北京农业大学造园专业学士学位（图1-8）。

五、杏坛新枝

孟兆祯于1956年大学毕业并留校任教，从一名造园专业的学生转身为教师，开启了此后长达60多年的园林教育事业。

孟兆祯从教之初，承担了画法几何学、园林工程学两门课程的助教工作（表1-2），并帮孙筱祥先生绘制教学挂图，还担任1956级一个班的班主任。孟兆祯虚心学习，广泛请教资深教授，脚踏实地地学好学科的基本理论、掌握基本技能。他根据汪菊渊"要适应多种课程的教学需要，打下博学的基础，然后博中求精深成为自己学术的方向"的建议，一边研读古代园林著作，诸如《园冶》《长物志》《闲情偶寄》等，并学仿宋字、练透视画；一边参加设计实践，使理论与实践融合共进。他买来仿宋珍版的《圆明园记》学写仿宋字，并延伸到写美术字。在向来感到棘手的绘画方面，他照着《中国建筑史》中屋盖类型的附图摹写，抓紧零碎时间练习，久之便可用白描画钢笔鸟瞰图。

孟兆祯认为，做老师的职责是"传道、授业、解惑"不仅自己要学扎

表 1-2 北京林学院城市及居民区绿化专业成立初期（1956—1957 年）的主要教师

序号	姓名	生卒年	调整前的院校和职务	调整后
1	汪菊渊	1913—1996	北京农业大学"造园组"创建者、负责人、教授	任系副主任、教授，讲授居民区绿化、园林史；1995 年当选工程院院士
2	陈有民	1926—2018	北京农业大学"造园组"创建者、讲师	讲授观赏树木学，后任园林树木教研组主任(1958—1965 年，1979—1991 年)
3	宗维城	1911—1998	北京农业大学，原复旦大学观赏组教员	讲授美术（素描、制图和水彩）
4	俞静淑	1923—1995	北京农业大学专业讲师	讲授苗圃学
5	孙筱祥	1921—2018	北京农业大学造园专业讲师，曾任浙江农业大学园艺系森林造园教研组主任	任园林设计教研组主任（1957—1987 年），讲授园林艺术和园林设计
6	姚同珍	1928—	浙江大学园艺系 1946 级，1950 年毕业，杭州市都市计划委员会职员	花卉学助教
7	张守恒	1929—	北京农业大学造园组 1949 级，1953 年毕业，助教	后任城市园林系副主任（1980—1986 年）
8	梁永基	1931—	北京农业大学造园组 1950 级，1954 年毕业，助教	
9	陈兆玲	1931—	北京农业大学造园组 1950 级，1954 年毕业，助教	后于 1961—1962 年参加教育部组织在同济大学开设的城市规划专业教师进修班
10	杨赉丽	1933—	北京农业大学造园组 1951 级，1955 年毕业，助教	
11	孟兆祯	1932—2022	北京农业大学造园组 1952 级，1956 年毕业，助教	后任风景园林系主任（1988—1993 年），1999 年当选工程院院士
12	俞善福	1933—	北京林学院造园组 1952 级，1957 年毕业，助教	1986 年调至苏州城市建设环境保护学院创办园林专业，任园林教研组主任
13	金承藻	1921—1993	清华大学建筑系，讲师	讲授投影几何、园林建筑设计，后任建筑教研室主任
14	周家琪	1919—1982	山东农学院园艺系讲师，曾任金陵大学园艺专修科讲师	任花卉教研组主任
15	华珮玲	1930—	北京农业大学造园组 1950 级，1954 年毕业，建筑工程部城市设计院设计师。	任城市及居民区绿化系（园林系）主任（1957—1965 年，讲授苗圃学）
16	李驹	1900—1982	西南农学院园艺系主任、教授，曾留学法国并任中央大学农学院教授、园艺系主任，1957 年调入	

序号	姓名	生卒年	调整前的院校和职务	调整后
17	陈俊愉	1917—2012	武汉大学园艺系观赏组创建者、华中农学院园艺系副主任、教授，曾留学丹麦，1957年调入	任遗传教研组主任、城市及居民区绿化系（园林系）副主任（1957—1965年）、城市园林系主任（1979—1984年），研究和讲授花卉育种与引种及品种分类；1997年当选工程院院士
18	余树勋	1919—2013	武汉大学园艺系观赏组教员，副教授，曾留学越南与丹麦，1957年调入	讲授园林工程课（1957—1960年），后创建武汉城市建设学院城市建设系园林专业（1960—1964年），任系主任

资料来源：黄晓整理。

实了，还要解决教学法。他先后担任过园林制图学、园林工程学、园林设计、中国园林发展史、园林艺术原理等本科课程教学和南方实习。同时，他还把教学和科研结合一体，以教学为主，用科研提高教学。孟兆祯任画法几何学的辅导课和习题课、制图学中的仿宋字课，主讲园林工程学并主编教材获奖，讲授中国园林史、园林艺术、园林设计、《园冶》例释和指导现场教学实习。在备课的压力下，孟兆祯在学科教学方面取得了巨大进步，尝到"先难而后得"的甜头。

1960年孟兆祯被评为先进教学工作者。

1962年孟兆祯担任北京林学院城市及居民区绿化系讲师。孟兆祯认为，自己所得不仅是职称，而是风景园林学科中国传统理法的研究成果。

六、假山初探

孟兆祯留校任教后，便认定自己研究的方向是继承和发扬中国园林的文化传统。在汪菊渊的影响下，他立志以假山为研究重点与难点。为了学习传统假山理法，孟兆祯考察真山和假山，收集、学习、结合实际学习前人著作，并拜假山师傅为师参加假山施工劳动、总结他们立意布局和细部手法。

在1964年举办的北京市园林绿化学会成立大会上，孟兆祯发表了自撰、自绘的学术论文处女作《山石小品艺术初探》（图1-9）。

山石小品是假山艺术中的一种类型，具有"因简易从，尤特致意"的特点。文章初步探讨了山石小品的内涵、意义、特点和作用；结合北京、苏州、上海园林的实例阐述了常见的山石小品，并总结了布置山石小品的

图1-9 《山石小品艺术初探》(施奠东 供图)

主要艺术手法。全文约15000字，附图28张，照片35帧，全部为孟兆祯手工刻版印制。

假山是中国古典园林最具特色的造园要素之一。在汪菊渊的引导下，孟兆祯攻坚克难，由置石到掇山循序渐进，在假山研究领域做出了突出的贡献。1979年《假山浅识》是孟兆祯继《山石小品艺术初探》之后假山研究的开山之作。该文章详细论述了假山的功能和作用，追溯了假山的产生和发展，总结了七条假山的传统艺术理论，最后提出了三条假山"古为今用"的方法。同时，文章如数家珍般列举了较多北京和江南的名园实例，引用了古代造园及画论的经典论断，可以看出孟兆祯深厚的理论功底。

1980年，孟兆祯撰写了科研论文《北海假山浅释》，并载于1982年北京林学院林业史研究室主编的《林业史园林史论文集》（第一辑），该文虽以《北海假山浅释》为题，但实际上对北海的山水在传统理论的基础上做了深入的分析，受到汪菊渊的充分肯定。

七、汲古识新

"研今必习古，无古不成今"，《园冶》可以说是园林设计基本理论古书中最难和最重要的巨著。几十年的时间，孟兆祯先后请了三位有古文修养的老先生为他讲解《园冶》：第一位是汪雪楣先生，经他引经据典的讲解，孟兆祯似有顿开茅塞之感。第二位是年事已高的王蔚柏先生，在文学和书法方面很有造诣，他从原文引申到书法绘画而增加了孟兆祯的认识，特别是文学的"比兴"和园林"借景"的沟通，使孟兆祯初步体会到园林设计"迁想妙得"的要理。第三位是研究林业史的张钧成先生，他在主讲中穿插讨论，这样孟兆祯对《园冶》的理解又深入一层。如此一来，孟兆祯由表及里，逐渐地求得真解，为他对传统基本理论的掌握打下了扎实的基础。

风景园林是一门科学与艺术相结合的综合性学科，绝非纸上谈兵，空谈理论。孟兆祯对"行万里路"的强调甚至超过了"读万卷书"，在职业生涯的几十年间，他的足迹踏遍祖国大江南北、长城内外，从城市园林到风景名胜区，一一亲临涉猎实证。他从名山大川的游历中不断验证着自己对中国园林艺术之传统理法的理解和感悟，越来越深刻地体会到它的适用性之广大，也使得最终形成的理论建构带有了鲜活的色彩。

孟兆祯不仅对于中国古典园林的解读独具匠心，而且在继承《园冶》精髓的基础上结合当代社会需求做出了具有开创性的理论贡献，他在传承和发展中国园林的民族传统的同时也与时俱进，对现实问题密切关注，时刻关心中国未来的发展。

在这一阶段，孟兆祯组建了家庭，在教学之余还积极参与各项文体活动，生活丰富多彩（图1-10～图1-12）。

图 1-10　孟兆祯夫妇新婚照（孙筱祥 供图）

图 1-11　孟兆祯练体操
（孟兆祯家人 供图）

图 1-12　孟兆祯夫妇与长子
合照（孟兆祯家人 供图）

第二节

知行相契，以教带研

20世纪的最后20年是孟兆祯在教学、科研与实践三个层面并驾齐驱、成果斐然的一个重要阶段。首先在园林史研究层面，为了汲取中国古典园林的设计艺术，他知行相契，对北方皇家、私家及寺观园林开展了深入研究，尤其是避暑山庄。20世纪80年代初，他带领学生深入山区荒废已久的多处遗址，结合历史文献及实地测绘首次开展复原研究工作，克服艰难险阻，填补山庄的研究空白，绘制了大量图纸并制作多个复原模型，创作出了《避暑山庄艺术理法赞》《避暑山庄园林艺术》等经典著作。

20世纪80年代开始，他在教学上投入了大量精力，以教学带动学术研究，二者相辅相成。他不仅通过自身刻苦钻研，在"园林工程""《园冶》例释"等课程教学上成果斐然，使之成为学科教育体系中的"顶梁柱"，而且凭借其长远的国际视野，赴国外参会并率先指导学生参加国际大学生景观设计竞赛荣获奖项，为祖国争得荣誉，为北京林业大学风景园林的国际影响力奠定了深厚根基。

在实践层面，他在改革开放的浪潮之中贡献一份力量，20世纪80年代初主持设计了深圳仙湖风景植物园并荣获多项大奖，该项目在他的从业生涯中留下了浓重的一笔。凭借上述杰出成就，千禧年前夕，他当选为中国工程院院士，成为学界泰斗。

一、名园深考

20世纪80年代，孟兆祯在学术上对中国传统园林历史和文化方面进行了更加深入的探索。他于1982年加入北京林学院林业史研究室，并相继发表有关北京皇家园林、私家园林、园林寺庙的学术论文，被收录在《林业史·园林史论文集（第一辑）》中。

孟兆祯在教学之余，还筹划启动对传统园林的系统研究工作，承德避暑山庄成为他的一个研究阵地。承德避暑山庄是现存最完整的清代皇家园

图1-13　1982年，孟兆祯带领师生测绘避暑山庄（夏成钢 供图）

林，始建于1703年，历经康熙、雍正、乾隆三代帝王，耗时89年建成，分为宫殿区、湖区、山区、平原区四大区域。承德避暑山庄是中国古代造园艺术和建筑艺术的集大成者，它继承和发扬了中国古典园林"以人为之美入自然，符合自然而又超越自然"的传统造园思想，创造性地运用各种造园素材和技法，成为自然山水园与建筑园林化的杰出代表。然而，避暑山庄在近代以来经历战乱，破败不堪。于是，孟兆祯指导学生到国家图书馆善本库查找第一手园林历史资料，以避暑山庄为研究对象，并带领5位学生到承德避暑山庄进行了近20天的实地勘察和调研，在史料稀缺和遗址残破的艰难条件下，率先完成了避暑山庄山近轩、碧静堂、秀起堂等山区景点的系列复原研究工作（图1-13）。

1983年，孟兆祯出版了他的重要代表性著作《避暑山庄园林艺术》。他针对承德避暑山庄的一系列复原研究、论文和著作，是其学术思想融会贯通的开端，为其后独具特色的教学、科研与实践奠定了基础。

二、教书育人

孟兆祯深耕于教学一线，将现代科学及工程技术引入对传统技艺的解读，将研习传统文化理论和风景园林实地踏察、设计实践相结合，以现代的科学知识和方法来认识和发展中国传统园林艺术。

仿宋字是融合楷体与宋体字间架结构的一种印刷字体，是设计专业制图中书写汉字的首选字体，其端止、工整的法度和严格的规范性，令人不容置疑地表达文字内容，更加烘托出技术成果的严肃性、科学性和权威性。为此，仿宋字书写是孟兆祯教学的一项重要内容，旨在训练学生基本的制图功底和严谨的学习态度。孟兆祯还亲自用毛笔和钢笔为学生示范，并创作书写《仿宋字诀》。

置石和掇山设计这项学科基本技能的掌握是教学的难点。掇山，即"掇石成山"，代表中国假山的主要类型。除了在《假山浅释》一文中研究其流变及艺术特点，孟兆祯还深入钻研假山的工程做法，特别注重实践出真知。他多方求师，北京的山子张、苏州的山石韩、南京的王其峰都是他学习的对象。孟兆祯在心中拜他们为师，和他们聊堆山，帮他们提炼理论。此外，孟兆祯还为知名工匠"山子张"（张蔚亭）传下的"十字诀"（安、连、接、斗、挎、剑、垂、挑、券）等常用山石结体的做法绘制精美插图，以及假山置石搬运和施工过程中的诸多结绳法、金属构件安装法等的图示。孟兆祯向来注重手绘表达能力，在最初参与编著《中国古代建筑技术史》（双语版）时，因被质疑绘图水平，他奋发图强完全自主绘制了插图，成了后世学习假山的参考范图。

生动形象的假山模型对设计的推敲和表现具有极强的支撑作用。孟兆祯参加跟班劳动，学习相石和掇山要领，考察名假山园，琢磨置石要领，将此中收获转为能为师傅们接受的掇山模型设计。孟兆祯还从工艺美术、雕塑等专业人士的塑山手法中汲取经验，自力更生解决假山模型制作问题，在摸索和尝试中开创了电烙铁烫制假山模型的方法（图1-14）。

孟兆祯独创的假山模型制作技术步骤如下：

（1）竖向地形制作：以电阻丝切割聚苯乙烯板，逐层切割出等高线，层层粘贴。

（2）假山坯子制作：根据设计手稿中的假山底盘图，切割聚苯乙烯板，并层层粘贴至设计高程。坯子要求下小上大。

图 1-14 孟兆祯制作假山模型（端木岐 供图）

（3）假山烫制：平头电烙铁头部可用于大体块切割，塑形。电烙铁铁杆部分按压，深入至山谷形成鳞隙。尖头电烙铁主要用于湖石类假山洞、涡的烫制。

（4）假山上色：丙烯颜料内加洗衣粉，对假山模型进行刷色。

（5）微调：上色后清晰可见假山的虚实关系，进行适当微调。

（6）树木：配合假山点置树木，控制整体效果。

（7）题字：加以刻字印章。

孟兆祯编著的《园林工程》于1981年出版，后更名为《风景园林工程》获"第三届全国林（农）类优秀教材评奖"一等奖。他所编著的这类强调实践技术的书籍，从实践上、技术上为传统园林艺术，尤其是假山艺术，寻求到了重要的支撑；为今人能更为准确地理解传统园林艺术，给予了科学的解读。

孟兆祯大学毕业后不久，曾向汪雪楣、王蔚柏和张钧成三位古典文学专家请教《园冶》。后来他逐渐收集到精彩翔实的古今设计实例，图文并茂、系统详细地将这本骈体文专著进行讲解和分析，引领学生一步步地进入传统园林艺术的殿堂。孟兆祯经常强调要"与时俱进"。在硕士、博士研究生的教学工作中，"《园冶》例释""名景析要"这两门课自1984年开课，经久不衰（图1-15）。

"《园冶》例释"课程是以中国古今传统造园实践为基础，解释和分析《园冶》书中阐述的造园理论，总结传统造园的规划设计方法——"立

图1-15 孟兆祯教授"《园冶》例释"课程（曾洪立 供图）

意、相地、问名、布局、理微、余韵",并以金石起名、古园复原、命题设计为课程习题。该课程不仅是风景园林学研究生教育培养环节的创新,也是风景园林学科理论研究的创新之举,为后学者如何继承和发扬传统园林文化和技艺树立了实实在在的范本。在当今风景园林事业蓬勃发展的时期,借此课程的讲授,向青年学生阐释风景园林学科的社会功能和创新要求,说明风景园林学的立学根本和核心内容,传授简单有效的研究和学习方法,达到为风景园林正本清源的教育目的。

孟兆祯不仅注重对学生的理论教学,同时也特别强调实习实践,对学生施以全方位的指导。他强调向"大自然汲取营养"的风景园林实践观,常用孔子登泰山时发出的"登山必自"的感想来教育风景园林工作者成事者须身体力行的道理。孟兆祯鼓励学生到大自然环境中体验风景园林的真谛,一方面给学生创造各种机会去现场实习和调研,另一方面不定期地组织学生重点考察优秀的园林设计实例(图1-16、图1-17)。

每次实习前,孟兆祯都抽出时间系统地、详尽地讲解调研实习的要点,还常常亲自到现场讲解。学生没有条件去的地方,他便拍摄大量的影

图 1-16　孟兆祯带领 1982 级学生实习(孟兆祯工作室 供图)

图 1-17　1987 年，孟兆祯带学生在避暑山庄实习（李金路 供图）

图 1-18　1985 年，孟兆祯于日本参加第 23 届国际风景园林师联合会大会（孟兆祯工作室 供图）

像资料整理后组织学生学习，这些亲身体验和调查研究成果早已成为他教书育人的宝贵教材。

　　20世纪80年代初，孟兆祯到英国、法国考察，首次将中国的风景园林教育和实践全面地介绍给国际同行；1985年，孟兆祯赴日本东京参加第23届国际风景园林师联合会大会（图1-18），亲身体验到介入国际学坛的重要意义。其后他积极推进中国风景园林学科与国际接轨，首次将国际风景园林师联合会国际大学生景观设计竞赛引入中国，并指导研究生刘晓明于1990年获得中国首个国际风景园林师联合会国际大学生景观设计竞赛第一名暨联合国教科文组织奖，此为我国大学生首次获此殊荣。1991年他再次指导研究生周曦获得同样殊荣，为中国风景园林教育奠定了国际领先地位。他还与韩日同行共同推进并创办了延续至今的每两年召开一次的中日韩风景园林年会。孟兆祯1993年受邀到美国加州大学伯克利分校开展学术交流，作了题为《中国传统园林赏析》的讲座，反响强烈，由此顺势延展

图 1-19　2018 年，孟兆祯与学生合影（孟兆祯工作室 供图）

成为期1个月的中国传统园林赏析课程。此外，孟兆祯还先后赴日本东京农业大学、韩国庆熙大学等高校举办学术讲座，致力于通过各种形式的国际学术交流将中国传统园林思想和造园艺术推向世界。

孟兆祯纵横驰骋于中国风景园林教育、研究和实践战线60余载，如今已桃李满天下，他一生培养了硕士11名、博士44名、博士后1名（图1-19），对中国风景园林教育事业作出了不可磨灭的重要贡献，受到学界和社会的高度肯定。

孟兆祯于1980年担任北京林学院园林系副教授，1985年担任北京林业大学园林系教授与博士生导师。1988—1992年，孟兆祯任北京林业大学风景园林系系主任。1999年由中国风景园林学会推荐，当选为中国工程院院士。

三、广泛实践

孟兆祯这一时期不仅致力于园林的教学和理论的研究，还广泛参与项目实践。他共主持设计了30多项风景园林实践项目（表1-3）。其中与白日新、黄金锜、梁伊任、唐学山等合作完成的深圳仙湖风景植物园是其代表性实践作品之一（图1-20、图1-21）。

表 1-3　2000 年以前孟兆祯规划设计项目统计

序号	项目名称	年份	合作者	备注
1	河北省西柏坡 革命纪念馆绿化种植设计	1978	梁永基	
2	北京市北京植物园宿根花卉园	1978	—	
3	山东省烟台市滨海"惹浪亭"	1980	—	
4	山东省烟台市南山公园"角海""牧云阁"假山	1980	—	
5	甘肃省张掖市"甘泉"公园	1981	杨赉丽	
6	北京市北京饭店"贵宾楼"中庭园林	1982	白日新	
7	甘肃省敦煌市"月牙泉"重建总体设计	1983	胡曾凡	
8	北京市"大观园"假山	1983	—	
9	广东省深圳市仙湖风景植物园	1984	白日新、黄金锜	获建设部园林设计三等奖、深圳市城市工程设计一等奖
10	广东省深圳市"红云圃"某老干部活动中心及假山	1984	—	
11	北京市中国人民解放军北京三〇一医院"康复楼""安园"	1985	白日新	
12	广东省深圳市东湖公园	1985	—	
13	浙江省千岛湖国家风景名胜区"东铜关"景区	1987	—	
14	河北省北戴河区滨河公园改建项目	1987	白日新	
15	广东省深圳市东湖公园"杜鹃园"设计及"匙羹山"改建项目	1988	朱育帆	
16	山西省吉县壶口瀑布"神龙脊"长石桥	1988	黄金锜	
17	北京市丽京花园公寓环境规划	1990	梁伊任	获林业部优秀工程设计一等奖
18	北京市紫竹院公园假山设计（湖边德乐楼周边）	1990	—	
19	山东省青岛市前海带状公园方案设计	1991	王向荣	

序号	项目名称	年份	合作者	备注
20	海南省海口市绿地系统规划	1992	赵锋	
21	海南省三亚市绿地系统规划	1993	赵锋	获建设部优秀奖
22	海南省海口市金牛山公园总体规划	1993	曹礼昆	
23	辽宁省大连市经济技术开发区中心公园	1993	周曦	
24	内蒙古自治区包头市南湖公园总体设计	1994	黄庆喜	
25	河南省濮阳市经济技术开发区中心公园总体设计	1994	梁伊任	
26	广东省深圳市南山公园方案设计	1995	朱育帆	
27	河南省焦作市云台山风景区总体规划	1995	唐学山	
28	辽宁省沈阳市"夏宫"水上乐园假山设计	1995	黄金锜	
29	河南省郑州市金水河带状公园总体设计	1995	李雷	
30	吉林省长春市南湖公园总体设计	1996	黄庆喜	
31	吉林省长春市经济技术开发区城市广场设计方案	1996	梁伊任	
32	上海市浦东新区"二十一世纪"公园方案设计	1996	朱育帆	
33	福建省厦门市瑞景花园住宅区环境设计	1997	黄庆喜	
34	韩国首尔市庆熙大学校内中国园"衍清园"	1998	白日新	
35	内蒙古自治区达拉特旗白塔公园总体设计	1998	梁伊任	
36	江苏省苏州市"虎丘"风景区总体规划	1999	梁伊任	

资料来源：孟兆祯工作室。

图1-20 孟兆祯（左二）与白日新（右一）、黄金锜（左一）、崇晓云（右二）在东湖宾馆讨论东湖公园规划设计方案（深圳市北林苑景观规划设计有限公司 供图）

图1-21 孟兆祯（设计总负责）（左二）、何昉（设计代表）与陈开树（建设单位工程师）在仙湖植物园工地（深圳市北林苑景观规划设计有限公司 供图）

第三节

文琴园林，守正创新

2000年以后，孟兆祯在造园理论、项目实践、书画戏剧和教学方面取得了丰厚的综合成就，获得了国内外多项重大奖项。

造园理论方面，孟兆祯基于多年的风景园林学科研究与实践工作，发表了一系列重要的学术讲座和报告，并完成了代表其学术思想的集大成著作——《园衍》。

项目实践方面，孟兆祯2000年以后完成的作品虽然不多，但都是重要的风景园林实践项目，如毛主席纪念堂庭院环境设计、奥林匹克森林公园"林泉奥梦"等，并留下了极为宝贵的设计手稿和假山烫样等过程文件。

书画戏剧方面，孟兆祯一直对书画、戏剧艺术有着深沉的热爱。在师从京剧艺术大师李慕良先生学习琴艺的过程中，他深刻感悟到艺术各门类（绘画、雕塑、戏曲、文学等）之间有着极强的共通性，这极大地增强了他对中国传统园林的理解。孟兆祯称书法、园林、京剧和烹饪为中国文化四绝，他精通园林和京剧，善品书法、山水画，性好烹调，追逐兴趣所致，看似旁门左道，但一旦"触类旁通"，都将成为特殊和不尽的养分。

一、理论大成

2004年，孟兆祯获得首届林业科技贡献奖。

2010年，孟兆祯在第47届IFLA大会（苏州）作主旨报告，报告题目为《认识苏州古代园林》。他以拙政园、留园、网师园、环秀山庄为例，以借景为中心的创作秩序，深入剖析苏州古典园林的造园手法，给予现代风景园林设计师更多启示。

2011年，孟兆祯获得"中国风景园林学会终身成就奖"，是该奖项的首位获得者（图1-22）。

图1-22　孟兆祯被授予"中国风景园林学会终身成就奖"（孟兆祯工作室 供图）　　图1-23　《园衍》书籍封面

2012年，孟兆祯提出以借景为核心的中国传统园林设计序列，借景即"藉景"，是孟兆祯造园理法的核心，与明旨、相地、问名、布局、理微、余韵"六法"共同构成"六涵"。

孟兆祯将他独特的理论成果撰写为《园衍》一书，此书是以孟兆祯的冶园实践为基础，结合其毕生研究成果累积而成，是对以《园冶》为代表的中华风景园林思想创造性地继承与发扬（图1-23）。

《园衍》包含学科关系、造园理法、名景析要和设计实践四部分。其以借景为核心，通过"立意—相地—问名—布局—理微—余韵"的设计序列，解码了中国园林文化的核心逻辑，创立了一套总拈中国传统内质的园林规划设计理法体系，在研究方法论上例释中国园林文化，从而探究中国园林的底蕴。本书一举奠定了孟兆祯风景园林学派的理论基础和实践方向。

2021年适逢中国共产党百年华诞，也是中国风景园林学科成立70周年之际。孟兆祯作为一名优秀的共产党员，主张"以人民为中心"的风景园林设计自称"人民的院士"，因此他在当年写下了《感谢党恩育路风景园林学科·纪念中国共产党百年华诞》《中国特色中国风格中国气派·学科教育改革的方向》两篇论文，并撰写了《中国特色中国风格中国气派》的书法作品，表达了内心对中华文化深深的认同和自信。这一年也是孟兆祯入党50周年，他被授予"光荣在党50年"纪念章（图1-24）。

图1-24 孟兆祯佩戴"光荣在党50年"纪念章（孟兆祯工作室 供图）

二、守正日新

21世纪以来，孟兆祯深耕不辍，取得多项重要项目成就（表1-4）。21世纪第一个十年完成了5个重量级项目，包括北京奥林匹克森林公园"林泉奥梦"景点、杭州花圃、邯郸赵苑公园、中国工程院综合办公楼园林绿化环境、扬州瘦西湖"石壁流淙"假山；第二个十年完成了3个重要项目：毛主席纪念堂庭院环境绿化、2013年北京园博园"盛世清音"瀑布假山、第十届江苏省（扬州）园博会园冶园"琼华仙玑"；2020—2021年完成了2个重要项目：第十三届中国（徐州）国际园博会"清趣园"、成都蜀真园"艺海妙谛"。同时为其他国家级重大项目（如北京大兴机场、雁栖湖、黄帝陵国家公园等）提供指导。

2005年，孟兆祯主持北京奥林匹克森林公园"林泉奥梦"假山瀑布设计，依托2008年北京奥运会"同一个世界，同一个梦想"的主题和"林泉高致"的园林美学思想，孟兆祯将位于仰山西南余脉的这一落差20多m、全长约370m的假山瀑布命名为"林泉奥梦"。孟兆祯以奥梦洞为重点，众泉自各处汇为一潭，寓世界各国健儿汇聚于此，以"异域同天"石刻表示"同一个世界"，以"澄潭"石刻寓意"同一个梦想"——和平。为了指

表 1-4　孟兆祯 2000 年以后规划设计项目统计

序号	项目名称	年份	合作者	备注
1	浙江省杭州市杭州花圃	2002	楼建勇	
2	河北省邯郸市赵苑公园	2002		
3	北京市奥林匹克森林公园"林泉奥梦"景点	2005	韩建中	
4	江苏省扬州市瘦西湖"石壁流淙"假山	2006	—	
5	山东省济南市百脉泉公园"秀眉清照"假山	2006		
6	北京市中国工程院综合办公楼园林绿化环境	2007		
7	第九届中国（北京）国际园林博览会"盛世清音"瀑布假山	2012	—	
8	北京市毛主席纪念堂庭院环境绿化	2013	—	
9	第十届江苏省（扬州）园博会园冶园"琼华仙玑"	2017	苏州园林设计院	获 2021 年中国风景园林学会科学技术规划设计奖一等奖
10	第十二届中国（南宁）国际园博会广西园"寻梦天香"	2017	王向荣、董璁、张晋石	
11	第十三届中国（徐州）国际园博会"清趣园"	2020	何昉	
12	四川省成都市蜀真园"艺海妙谛"	2021	中国城市规划设计研究院	

资料来源：孟兆祯工作室。

导施工，他还亲自制作了假山模型（图1-25）。

2006年，孟兆祯主持中国工程院综合办公楼园林绿化环境设计，通过地形塑造、林木配植和置石掇山的手法塑造出"平凡院士，砥柱栋梁"之家的园林意境（图1-26）。

2012年，孟兆祯主持第九届中国（北京）国际园林博览会"盛世清音"瀑布假山设计，亲手绘制方案并"两维放线，三维烫形"制作模型（图1-27），"就势掇山，上瀑下洞""主洞端严，次相辅弼"，虚胸襟以求吸纳万物，渊源深远而流之不竭，上题有"化腐朽为灵奇"等摩崖石刻，点明了园博园的设计特色。

2017年，孟兆祯主持第十届江苏省（扬州）园博会园冶园规划设

图 1-25 孟兆祯在工作室
制作"林泉奥梦"假山模型
（端木岐 供图）

图 1-26 孟兆祯（右一）向
时任中国工程院院长徐匡迪
（左一）介绍中国工程院综
合办公楼园林绿化环境设计
工程（孟兆祯工作室 供图）

图 1-27 孟兆祯给学生指
导"盛世清音"假山模型
（孟兆祯工作室 供图）

计，项目所在地仪征乡是明代计成《园冶》的成书之地，孟兆祯借园冶园之旨将其问名为"琼华仙玑"。设计遵循传统造园理法，分"明旨、立意、相地、布局、理微、余韵"六个步骤，将中国特色、扬州地方风格和仪征乡风完美地融为一体，体现了《园冶》"时宜得致，古式何裁"的重要思想。展园包含敬哲亭、云鹭仙航、深柳疏芦、琼台停云等景点，均由孟兆祯逐一拟定并书写景题及楹联。时年86岁高龄的孟兆祯实地踏勘（图1-28），手绘并指导方案（图1-29），多次与甲方汇报研讨并指导施工，项目建成后，孟兆祯还亲自到实地考察讲解

图1-28　孟兆祯踏勘"园冶园"
现场（孟兆祯工作室　供图）

图1-29　孟兆祯在工作室指导
"园冶园"方案（薛晓飞　供图）

图1-30　孟兆祯现场讲解"园冶园"（陈云文 供图）

（图1-30）。该项目是园博会全园的文化地标，于2021年获得中国风景园林学会科学技术规划设计一等奖。

三、文琴贯通

　　孟兆祯不仅是风景园林的一代宗师，还是一位有着广泛兴趣爱好、文化底蕴深厚的墨客雅士。受家庭熏陶，孟兆祯自幼喜好京剧，高中起学琴，又因京剧名家马连良的《胭脂宝褶》唱片而迷上了李慕良的琴艺。

　　1952年，孟兆祯来北京求学时，他凭借满腔热情和诚恳的态度前去听戏学艺，自此与李慕良建立了亦师亦友的深厚情谊（图1-31）。孟兆祯曾在《琴与心调，山水清音》一文中用"琴与心调，心手相印""相剧立意，借情绘声""两手匀称，手法多变"概括了李慕良的琴艺理法，以及"敢于革新、善于革新"的唱腔设计特点，特别是后者与造园的相通之处。1984年，孟兆祯给日本留学生授课时，他曾邀请李慕良开办讲座。

　　艺术是相通的，孟兆祯将京剧唱腔用于园林教学中，经常哼唱几句来举例说明，并把对京剧艺术的认识融会到园林的造景艺术中去，在教学过

图1-31 孟兆祯（左一）
与李慕良夫妇（孟兆祯家人
供图）

图1-32 孟兆祯绘画作品《山水有清音》（孟兆祯工作室 供图）

程中产生了巨大的感染力，使学生更容易理解，继而对园林艺术产生浓厚的兴趣。同时，他以京剧广结好友，除了日常演练，还在多个场合表演京胡及唱腔。

　　除了戏剧，孟兆祯对书画也有着深厚的热爱，且作品众多。孟兆祯小学时便对书法比较感兴趣，最先学的是颜真卿的颜体，然后学的是柳公权柳体，再之后学的欧阳询《九成宫》。他一生坚持学习，自称70岁才开始学习水墨山水画，并且经常鼓励学生学习书法、绘画、篆刻等多门艺术并且将它们与园林融会贯通。他近年来的绘画作品有《山水有清音》（图1-32）《山青水澄自安宁》《朗朗乾坤》《淡泊宁静清新疏朗》等。

　　这些都是文、书、画、印一体的艺术作品，寄托了孟兆祯对自然山水的陶醉和对美好生活的期许。在北京林业大学园林学院A座13层的垂花门，还悬挂着孟兆祯题的一副匾额楹联，上联"扬眉筑国梦"，下联"垂花传真道"，横批"风雅传"（图1-33）。由于这座垂花门是仿清代恭王府的古建风格而建造，有深厚的文化底蕴，而且此处又是经常开会研讨的地方，因此它不光是古建教学的实物，更是将整个空间的意境描绘为一个树立文化自信、传道授业解惑和传承古典文人园林风雅之所在。

孟兆祯常说中国传统园林是"景面文心"的，他在京剧、书画等方面的艺术修养与中国传统园林的研究、教学与实践相辅相成，京剧、书法、山水画的意蕴渗透到他的造园思想、园林设计理念之中，因此可以说，孟兆祯的书画作品不仅仅是单纯的一幅书法、山水画，更是他园林思想、造园理念的艺术体现。

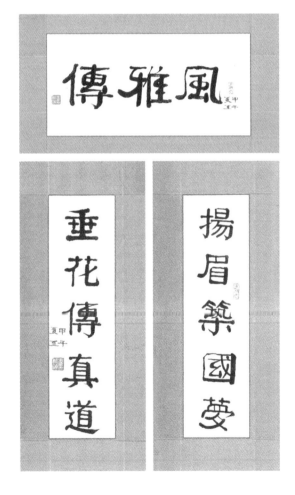

图1-33　北京林业大学园林学院垂花门匾额楹联（孟兆祯工作室 供图）

参考文献

林广思. 造园组创办始末[J]. 中国园林, 2022(6): 1-5.

锁秀, 何昉. 鸿雪爪痕, 知难而进: 深圳市北林苑景观及建筑规划设计院发展之路 [J]. 风景园林, 2012(4):4.

汪菊渊. 纪念梁思成先生[C]//《梁思成先生诞辰八十五周年纪念文集》编辑委 员会. 梁思成先生诞辰八十五周年纪念文集. 北京: 清华大学出版社, 1986: 57-58.

第二章

借景为核心，一法贯众法：孟兆祯理法体系

图 2-1　孟兆祯凭栏远眺
（孟兆祯家人 供图）

风景园林是一门科学与艺术相结合的综合性学科，孟兆祯不仅"读万卷书"，而且"行万里路"，足迹遍布大江南北、长城内外，从城市园林到风景名胜，一一亲临涉猎实证。孟兆祯对风景园林学科的认识正是基于这种宏观视角，同时秉承"研今必习古"的方针，从历史研究出发，认为学科"正名"，既要与国际学科名称顺应接轨，也要体现民族传统特色。中国"天人合一"的宇宙观和文化总纲，通过文学与绘画发展而来，也是中国园林形成的历史原委，应融入贯彻在中国风景园林学科中。

在中国古代园林著作之中，明代计成所著《园冶》是比较全面反映传统园林文化的一部巨著。《园冶》虽文采飞扬，但限于其四六骈文和散文相结合的文体，文中理论晦涩难懂，也因此，近代以来注释者辈出。相对于国外造园和其他学科的理论体系，系统性的中国园林理论自古至今都是极其匮乏的。这反映出中国园林特有的综合性特点使之难以进行理论归纳和体系化的问题。孟兆祯经过30余年探索，在钻研《园冶》基础上，逐渐总结出了一套"以借景为中心的中国风景园林设计理法序列"，即：立意、相地、问名、布局、理微、余韵，借景作为中心环节与每个环节都构成必然依赖关系。此外还包含"明旨""封定""置石掇山"等方面内容。此理法序列又称"孟氏六涵"，是对中国传统造园理论的传承，并有质的飞跃。

第一节

名正言顺，学科第一

孟兆祯对现代风景园林学科的观点是自中国园林发展历史而来，他认为《园治》开卷分别写的是"兴造论"和"园说"，"兴造"中讲园林，"园说"中谈兴造。这说明计成大师认识到了"兴造"与"园林"的联系及差别，其中已具有某些广义建筑学的成分。中国风景园林规划与设计之所以能发展为独立的一级学科，就是因为其与"兴造"融为一体的关系。

一、习古研今

孟兆祯先生认为，近代中国首先提出广义建筑学概念的是梁思成先生，这是他从美国留学归国后结合中国实际情况提出的创见。其后，吴良镛先生继承发展了这一重大学说。中国第一次尝试与国际"landscape architecture"学科接轨是在汪菊渊先生和吴良镛先生的提议、梁思成先生的支持和高等教育部的批准下，1951年由清华大学建筑系和北京农业大学园艺系联合创办的造园专业。20世纪80年代，教育部成立各学科博士点评委会，杨廷宝先生、冯纪忠先生和吴良镛先生均为第一届评委会委员。吴良镛先生在会上提出，在一级学科建筑学下设立四个二级学科，即：建筑学、城市规划学、园林学和建筑技术科学，大家一致同意。吴良镛先生还在《广义建筑学》和1999年国际建筑师协会第20届世界建筑师大会所拟《北京宪章》中指出：人居环境科学领域要"融合建筑、地景（landscape architecture）与城市规划"。风景园林规划与设计就成为广义建筑学下，与建筑学、城市规划学平行的二级学科，融合生物学、建筑学、美学与工程技术的综合学科。

孟兆祯认为，风景园林学科是需要正名的。正名不是简单地将国际通用的学科名称直译过来，而是先保证中华民族数千年的民族传统特色有所体现，再与国际学科名称顺应接轨。语言的不同译法就导致出现诸多的中文名称，而翻译应尽可能地接近词义，而非绝对互译。中国传统所用的"风景园林规划与设计学"的称谓是否与"landscape architecture"相符呢？孟兆祯认为相对而言是比较妥切的。

孟兆祯对人类发展之初与园林的关系进行了深入的研究。他认为，人类为了生存和发展就必然产生兴造的活动。从树上的构巢、地面的穴居逐渐发展到建筑房屋的屋宇居，进而兴建村镇和城市。当人类伴随自身发展逐步脱离大自然，而又感到从物质和精神两方面都需要自然环境时，就要保护自然环境和兴造"自然环境"，我们称之为"人造自然"，即恩格斯所谓的"第二自然"。

早在几千年前中国就有这种人造自然的活动，包括植树、造山引水和圈养动物。中国把大自然称为"真"，人造自然称为"假"，这才有"有真为假，做假成真"之说。中国目前发现的最早的象形文字——甲骨文中，"艺"字就反映人类植树的形象：人跪在地上，双手捧着一棵树苗（图2-2）。大自然中有很多树木，为什么还要人工植树呢？这说明人不满足大自然的恩赐，在需要树而没有树的地方就产生了植树的欲望。此举在人类的兴造史上具有划时代的意义：人类不仅兴造具有实用功效的房屋和道路，也兴造具有实用性、精神寄慰与教育意义的具有生命的环境。这种人工再造自然的活动应视为中国园林艺术肇发的先端。

对于中国古代园林来说，最早的雏形是"囿"。因为它首次将自然的环境和人的文化游憩活动融为一体：圈起一片山林地，挖掘一池"灵沼"，池土筑起"灵台"，在其中圈养飞禽走兽，人在其中从事狩猎、祭天、观察天象和游憩等文化活动。

无独有偶，欧洲园林的雏形也是"狩猎园"（hunting park），说明园林的起源既有共同之处，又有各自的民族特色。古埃及尼罗河流域冲积出

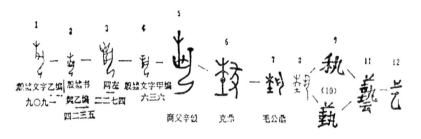

图2-2　甲骨文中的"艺"字（资料来源：《园衍》）

了大量的土地，因丈量的需求，当地人发明了几何学，奠定了西方城市规划、建筑和园林发展的基础。中国上古主要是人和洪水的矛盾，禹取"疏导法"治水奏效，疏瀹河道之土堆"九州山"，先民上山得救，上升到哲学便有"仁者为山"的哲理。

中国"灵囿"中"灵台""灵沼"的兴造具有人工改造自然地形地貌的特殊意义，使自然产生了地势高低变化和视觉俯仰差别，应当视为中国自然山水园的萌芽。古人在其中因高就低，掘池筑台，自成高下之势与构图中心。此外，以种植蔬菜瓜果为主的"圃"偏重于生产，未结合人类的休憩活动，因而不属于园林的范畴，却与园林的产生有很强的关联。唯有"囿"将自然山水环境和人类文化游憩活动融为一体，而后发展成为园林。这是中国文化总纲——"天人合一"思想在园林方面的反映。

据李嘉乐先生考证，最早关于中国园林的文字描述见载于公元前16世纪至前11世纪社会生活的《诗经》，其《郑风·将仲子》中已有"无逾我园，无折我树檀"之吟唱。而"园林"一词也见于西晋（265年）的诗文中。张翰《杂诗》中有"暮春和气应，白日照园林。青条若总翠，黄花如散金"的诗句。这说明"园"的称谓早于"园林"，园林是由园发展而来的。园林是由"园"和"林"组成的复合名词，如同饮食是由"饮"和"食"两层含义所组成的一样。《园冶》中也有"林园"的称谓，"林园"接近于"park"而"园林"接近于"garden"。不过中国对城市山林称园林，还是主流。

"园"的本质是人造自然。"林"虽然也有人工所造的林木，但在此主要指自然林地。计成在《园冶》中主要涉及的是园的兴造，但也旁及到林的播植。《园冶·相地·山林地》论及"园地唯山林最胜。有高有凹，有曲有深；有峻而悬，有平而坦。自成天然之趣，不烦人事之工"。在此，山林指大自然的山地与林木。计成《园冶·屋宇》谓："槛外行云，镜中流水，洗山色之不去，送鹤声之自来。境仿瀛壶，天然图画；意尽林泉之癖，乐余园圃之间。"进一步谈到"园"与"林"的联系与二者合为一体加以运用的奥妙。

二、天人合一

园林是由人工兴造的"园"与自然生成的"林"（山林地）融会一体形成的景物。在此应该指出的是，"林园"并非指森林（forest），而是指林地（park）。孟兆祯曾在英国游览了一座名为"Sheffield Park Garden"

的园子，就是在自然山林的基础上于中心部分用人工做成花园。据此，孟兆祯很赞成陈志华先生将欧洲园林的论证与概括归结为"'park'包'garden'"，即"林园包花园"。欧美各国园林在自然环境与文化形成的差异下，以"林园包花园"的主要形式发展壮大。

孟兆祯认为将"national park"作为中国风景名胜区的英译名是不妥的。"national park"以展现大自然风景为主题，强调"自然"，而中国对应形成的是"天人合一"，我们称之为风景名胜区的形式：以大自然的景观为主题，辅以人为的加工，升华出文学或绘画的意境。可以说，凡"风景"（自然景观）必因"名胜"（人文景观）而成名。经写信求教于当年香港建筑署总工程师谢先生，他说英国书上称中国风景名胜区为"scenic and historical place"。

园林和风景名胜区的共性在于都是为了满足人对自然环境在物质及精神方面综合的追求。作为拥有大自然的风景区，其自然风景资源是无比丰富的。由于与人活动居住的区域相隔较远，人们只能非经常性地、短暂性地进行游览和休憩，陶醉在大自然的怀抱，尽情享受以自然美为主、艺术美为辅的天然真趣。其所提供的生态环境和优美的自然风景是遵循"有真为假"的，是城市园林所可望而不可即的。但是，人能够长时间、经常性享受的还是人类活动和居住的周边环境。这种使人可随时随地享受自然的城市物质和精神文化设施便是城市园林。清代李渔在其所著《闲情偶寄》的"居室部·山石第五"中精辟地揭示了中国传统文化之"有真为假"的特征与实质："幽斋垒石，原非得已。不能致身岩下与木石居，故以一卷代山，一勺代水，所谓无聊之极思也"。在此虽然论证的是假山，但也可引申为产生城市园林的根本理论。"有真为假"的另一个含义是根据自然来造园，这样才能达到"做假成真"的艺术效果。概言之，中国园林的最高境界和追求目标是"虽由人作，宛自天开"。这也是计成大师在"园说"中提炼出来的中国园林理论的至理名言，从园林方面反映"天人合一"的宇宙观。

中国园林所强调的境界对风景名胜区可以说是"虽自天开，却有人意"。中国的宇宙观和文化总纲"天人合一"通过文学与绘画发展而来，也是中国园林形成的历史原委。

人有双重性。一是自然性，自然者，自其然也，人有生老病死，不以人的意志为转移；二是社会性，人通过社会生产生活创造物质和精神财富，从而区别于其他生物。自然性和社会性统一于人，因此中国人视世界为两元，即"自然"和"人"。人是自然的成员并臣服于它，人的主观能动性反映在"人杰地灵"和"景物因人成胜概"等方面。人造景观、人文精神的加入，是天然之"物"成为"景"、成为"名胜"的先决条件。"天人合一"主要是指自然与人合一，是人的自然性与社会性的合一，这是从客观事实中得出的真理，所以是科学的。天人合一见于中国文学，反映在追求"物我交融"的境界，物是天，我指人。学习方法是"读万卷书，行万里路"，前者主要是前人留下的物质财富，后者主要是指大自然，创作理法主要是"比兴"，以自然喻人而引出真意。

中国绘画追求"贵在似与不似之间"的境界，"太似则类俗，不似则欺世"。"似"代表天，"不似"代表人，二者结合即天人合一。创作方法是"外师造化，内得心源"，造化指天，心源指人。如何内得心源呢？画中有诗，诗中有画，这又回到文学上了。苏东坡评王维时说"观摩诘之画，画中有诗；味摩诘之诗，诗中有画"。王维也是造园家，经营辋川别业，当然是园中有诗画了。所以，杨鸿勋先生说中国园林是用诗画创造空间，这应视为中华民族风景园林的特色。美学家李泽厚从美学角度概括中国园林为"人的自然化和自然的人化"。人的自然化反映科学性，自然的人化反映艺术性。中国风景园林师是将社会美寓于自然美，创造科学、艺术融于一体的艺术美的职业。孟兆祯由此产生以诗概括中国园林的想法，诗曰：

> 综合效益化诗篇，景面文心人调天；
> 巧于因借彰地宜，景以境出仕世仙。

中国文学和绘画如此，千丝万缕受其影响的中国风景园林更是如此，追求的境界是反映"天人合一"的"虽由人作，宛自天开"，学习的方法是"左图右画，开卷有益；模山范水，出户方精"。既要学习前人已有经验，又要亲历自然山水，"搜尽奇峰打草稿"。设计的主要理法是从文学"比兴"演变而来的"借景"，其来源还可以追溯到创造中国文字之首要的"假借"理法。明代刻版的《园冶》有刘炤刻"夺天工"三字（图2-3），既然"有真为假"，何言夺天工呢？大自然是取之不尽、用之不竭的资源，但属于朴素的自然美，而作为艺术创作的中国风景园林赋予自

图 2-3　夺天工（资料
来源：华日堂版《园冶》，
日本国立国会图书馆）

　　然以人意，从这点讲是巧夺天工的。凭借的主要理法就是借景。要牢牢地
把握住学科兴造工程的特色，如朱启钤《重刊园冶序》所言"以人工之美
入天然，故能奇；以清幽之趣药浓丽，故能雅"，以独特、优秀的民族传
统特色自立于世界民族之林，故能为世界所瞩目。

第二节

章法不谬，理法第二

在研读传统园林艺术理论专著与自身设计实践的前提下，孟兆祯领悟到园林设计的理论与手法通常难以分割，可合称"理法"。明代计成所著《园冶》中对于设计序列的问题虽未言明，但实际上已包含了其主要内容。在此基础上，孟兆祯应用现代语汇创造性地归纳总结了其中蕴含的中国园林设计序列，且每一环节的名称皆力求与《园冶》的文风相近。孟兆祯所总结的中国园林设计序列包含"立意、相地、问名、布局、理微、余韵"等环节，借景作为中心环节与每个环节都构成必然联系。此外，孟兆祯将以上序列进一步归纳，他认为，创作的过程可以分为景意和景象两个阶段，前者属于逻辑思维，而后者属于形象思维。从逻辑思维到形象思维是一种从抽象到具象的飞跃，非一蹴而就，但终究是必须的、可行的。本章简要阐述了孟兆祯以借景为核心的中国传统园林创作序列的各个环节，并增加"明旨借凭""置石掇山"的内容。

一、明旨借凭

所谓明旨，就是首先要明确兴造园林的目的。刘敦桢先生在分析苏州古典园林时首先就分析造园目的。孟兆祯亦表明，世事皆事出有因，世人做事皆应有的放矢，园林亦然。如文徵明《拙政园三十一景图册》之六"小沧浪"（图2-4），附有诗文明确表达了造园的主旨："偶傍沧浪构小亭，依然绿水绕庐楹，岂无风月供垂钓，亦有儿童唱濯缨，满地江湖聊寄兴，百年鱼鸟已忘情，舜钦已矣杜陵远，一段幽踪谁与争"。诗文表明园主人心系山林，清白一生的孤傲品格，拙政园便是这种文人品格的物化形式。也许由于历史局限，此定义在计成《园冶》中并未明显涉及。孟兆祯强调今日园林虽发展为单体城市园林或风景名胜区、城市绿地系统规划和大地景物规划三个层次，但仍然各有其兴造目的，这就是用地的定位与定性。

图 2-4 文徵明《拙政园三十一景图册》之六"小沧浪"（资料来源：《园衍》）

  孟兆祯指出，兴造园林的总目的是不断满足人类对人居环境中的自然环境在物质及精神两方面的综合需求，建设生态良好、风景优美的环境，争取最大限度地发挥园林在环境效益、社会效益以及经济效益等多方面的综合功能；提供既有利于健康长寿，同时又可供文化休息和游览的生态环境，并将健康、丰富的文化内涵赋予其中，以期收到"寓教于游"的效果。明旨，就是要在明确树立以总目的为宗旨的前提下，开展各项具体的园林设计活动，确定其矛盾特殊性。

  他评价当下多地流行兴建的"主题公园"，其中部分由于过于强调人拟的"主题"，而忽视了人与自然这个总的、永恒的主题，不知不觉走上了与造园宗旨背道而驰之路。大量的建筑和铺装场地显得堆砌和张扬，相形之下，绿地面积无法达到公园绿地在用地平衡中的基本指标。此类设计就走出了园林的范畴，而蜕变为游乐场、博物馆或其他的文化娱乐设施。

  在总目标指导下，各类型园林有其各自特殊性。孟兆祯将其解析为明确园林或绿地的定性和定位，务求准确。定性和定位不准确，设计思路是否对路就无从谈起。第一步就是要区分，将要设计的园林是属于城市园林，还是风景名胜区或大地景物。如果是城市园林，下一步要分清绿地的类型，进而再细分是否属于公园绿地，属于何种性质、何种级别的公园等，必须一一调研清楚。实践中常常出现两种定性和定位不准的情况，一是诸多客观因素造成设计者难以弄清，另一种则是设计者虽然清楚项目的定性和定位，但迁就甲方意志，不敢提出有悖设计任务书的意见或观点。

要确定用地性质，必须收集并研究大量的相关资料，首先是自然资源和人文资源，涉及历史、地理与人文掌故等方面的资料。孟兆祯十分赞同"研今必习古，无古不成今"的观点。古代园林或为祭天祀地、或为皇家避暑、或为孝敬父母、或为纪念宗祠、或为饲养家牲、或为闭门思过、或为退位隐居，都明确各自的造园、造景目的。此外，孟兆祯强调还要了解和理解该用地所属上一层的总体规划，就城市而言涉及区域规划、城市群规划和城市规划乃至城市设计等，以期达到充分调动和利用当地自然资源与人文资源的效果。先经过细致周密的调查与研究，然后果断明确地进行定性和定位，其过程如同打造一面铜锣，讲究"千锤打锣，一锤定音"。

二、立意借典

孟兆祯从园林意境营造的角度，论述了园林立意的意义和方法。兴造园林之初，除了确定用地性质所牵动的科学技术性构思以外，由于中国园林历史上长期以来接受中国文学与绘画的影响，故而与其产生了千丝万缕的联系。他笃信造园家计成以"意在笔先"的观念构思作品的意境，就是园林设计的立意。实际功能和立意是一体的两方面，"意"借地宜而生，"旨"借"意"而具内蕴，发挥神形兼备之艺术效果。杜琼《友松图》描绘了一个典型的文人园林环境，其主旨是与奇松、瘦竹、丑石三友为伍，恰如计成在《园冶》开篇所云"径缘三益，地偏为胜"，园林品位即是园主的品位。

清代文艺理论家王国维说："文学之事，其内足以摅己而外足以感人者，意与境二者而已。"西晋陆机《文赋》中说："遵四时以叹事，瞻万物而思纷，悲落叶丁劲秋，喜柳条于春芳。"东晋士微说："望秋云，神飞扬，临春风，思浩荡。"南朝画家宗炳归纳为"应目会心""万趣融其神思"。清代王夫之说得更明白："情景名为二，而实不可离。神于诗者，妙合无垠，巧者则有情中景、景中情。"受前人对意境之精辟见解的启发，孟兆祯领悟到文化是随时代发展的，于今，要立与时俱进之意。他认为，在园林作品中表达出来的意境可以说与文学作品一样，对设计者而言，足以言志抒怀；对游览者而言，足以触景生情。主、客观经碰撞后在心灵上产生共鸣效果，在景物以外产生出只可意会、不可言传的境界。

意境从何而来？孟兆祯给出了具有指导意义的思路：宗旨既定，功能亦明，要将其升华为意境就要遵循中国文化传统中"天人合一"的总纲以及艺术理论方面"物我交融"的哲理；运用形象思维，借助文学艺术的比兴手法和绘画艺术"外师造化，中得心源"的理法，结合园主与环境的特色加以融会贯通。由此，作品的意境便会从无到有、从朦胧走向明朗。思维过程中要学会寻觅、捕捉最初萌生的一些也许是一闪之念的构思，不要轻易放弃或否定。不要担心这些闪念过于细微琐碎，有时抓不准就可以放大，加以衍生、渲染，此时胸中的意境就从无到有地逐步明朗了，直至达到成竹在胸的程度。被计成大师视为园林第一要法的"借景"，很大程度上要依靠意境的提炼来体现。如果说园林是文章，意境就是主题的灵魂。文章不仅要按题行文，还要以神赋形。

孟兆祯在受邀设计黄河壶口瀑布风景区的一座桥梁时，充分考察调研，遵循园林意境营造的宗旨。他观察到黄河水位落差变化较大，导致壶口地区的支流河道随季节变迁无常。而观赏瀑布最佳视点的位置有时甚至为支流河道所隔，形同孤岛，难以到达，影响慕名而来的游客们对壶口瀑布的游赏。此外，由于水流湍急而浅，采用舟渡等方式均不理想。孟兆祯到壶口实地考察时，深感百闻不如一见，叹服中华自然山河之壮丽，使一切人为之物显得渺小、笨拙。现场实际需跨越约200多米的距离，才能到达最佳视点。两岸远近高山叠嶂，黄河流水中贯南北，至壶口处收敛如玉壶之口。水流因断面突缩而流速迅猛，在地势形成的高落差的作用下，喷薄而出，跌宕直下，形成汹涌澎湃之势、风驰雷鸣之巨响。在这种宏大辉煌的大地景物环境中，一般的桥都很难与环境协调。孟兆祯考虑唯一能够与水协调的是与之相衔共生的河滩石。山水之间滩石与流水相磨相濡，此消彼长，地久天长。于是萌生了将仿石滩之流纹岩，布置成自然滩石堤岛与之衔接的念头。工程技术可行性方面，在与结构工程师黄金锜先生交流想法后得到了支持。

而在"立意"方面，孟兆祯从无意中翻阅某地"地方志"所载诗文中得到启发，传说有巨龙深潜潭底，翻腾不息，这正合"水不在深，有龙则灵"的古意。于是他想象潜在潭下的蛟龙翻腾时，蜿蜒、斑驳的脊背浮出水面，恰似按河滩石脉衍生的带状石岛。至此，"桥"的立意既定，"神龙脊"的立意和命名也就油然而生。他所运用的这种手法在中国传统文学理论上称之为"比兴"，园林理论上称之为"借景"。因为借景手法不应局限于对周围环境某个景致的借用，还应该在赋予园林作品所承载的内涵"意义"上，广泛汲取、借鉴。这就是计成大师在《园冶》中提道的"巧于因借，精在体宜"，即强调立意不但要巧妙，出人所料；更要得当，在情理之中，意料之外。河滩之石为可借之地宜，"巧于因借"来做自然滩石石堤，按人的意志将游人引导到最佳视点。

园景组成的因素主要是地形地貌、植物、建筑、水体、山石、假山、园路、场地以及小品等。除了青蛙、鸣蝉、飞鸟等小动物以及流水、清风外，其他组成因素都属默声者。孟兆祯认为，设计者的立意以及意境只有借题额、楹联和摩崖石刻等形式表达，并将"文法、书法和刀法"总结为园林艺术微观鉴赏的三绝。

三、问名借情

立意要通过"问名"来表达。中国人很重视问名，孔子说："名不正则言不顺，言不顺则事不成"，把正名提到成败之关键。孟兆祯对问名的理解为：思度、揣摩景物的名称，对设计者而言是构想名称，对游览者而言是望文生义，见景生情，求名解景的过程。而这二者的碰撞与统一是设计艺术效果产生共鸣的展现过程。

西方绘画和园林的基础是建筑学，是以理性和数理美学为特征。而中国园林是以文学为基础的，尤其强调突出诗性的思维，"问名"在此显得尤为重要。孟兆祯认为中国园林的内质是"文"，是"景面文心"的园林。"天人合一"的审美体系中，"景"的核心是天然之境，"人"的核心则是"文心"，依托是诗性，凡造园构思和欣赏园林皆不越此藩篱。

"名"引申为名目、名义，强调要师出有名。"名"不仅是符号，现代有些人往往把姓名看作是简单的符号，无艺术性可言，殊不知艺术由此而生。而古人有姓、名、字、号等多种称谓，不仅不易雷同，而且意蕴深邃。以《园冶》作者计成的名字为例，姓计，名成，字无否（pǐ），计既成，当然没有什么欠缺与毛病。《闲情偶寄》作者李渔，姓李，名渔，字笠翁，人皆所知的渔翁形象不正是蓑衣笠帽吗？我国著名的林学家、造园学家和教育家陈植先生，姓陈，名植，字养材，正体现其有志于树木与树人，再贴切不过。

孟兆祯将因名解意的过程称为"问名心晓"，是将地理景观文学艺术化的过程，反映了设计者的世界观和人生观。景名的创作较之于人名涉及更多人的思考和策划，有一些还要在实践中长期磨合，经过优胜劣汰的筛选过程形成理想而永恒的景名。古代文人崇尚"读万卷书，行万里路"，即汲取前人对世间事物的认识作为文学创作的间接经验，跻身于大自然和社会中，将其作为取之不尽，用之不竭的素材源泉。中国园林将自然美和社会哲理结合为艺术美，文学的升华使景物产生"寓教于景"的艺术效果。

例如，杭州西湖历史上最早称为"武林水"，又有"明圣湖""金牛湖""钱塘湖"等别名，无不有其一定的道理。直至唐代，因西湖位于杭州城之西部，按地理方位的关系始命名为西湖。白居易在《余杭形胜》中有诗赞道："余杭形胜四方无，州傍青山县枕湖。"这说明地方形胜的重要性，反映天人合一的理念。到北宋以后，"西湖"被公认为其正名，开始在官方文件中统一使用。文学家的诗文也已经以"西湖"代替"钱塘湖"。其中最广为流传的是苏东坡的名句："欲把西湖比西子，淡妆浓抹总相宜。"这就是自然的人格化。由此也阐明了中国文学与风景园林相辅相成、相互依存、相得益彰的关系，即"文藉景生，景因文传"的道理。

孟兆祯将问名比作文学创作中的命题。作文要按题行文，行文纲举目张。园林造景艺术犹如文学创作，亦需讲求章法与理法，按题造景。题目之由来很广泛，很难一概而论，总的来说是借自然给予人格化去构思立意。一般来说，问名主要是阐明造园的目的，点出造园的特色；或表明地域所在，或借名抒情。从"问名心晓"的认识过程可以了解到颐和园是取"颐养冲和"之意，不言而喻，园是为孝敬老人而建的。老年人因为生理上有更年期，脾气才"冲"，晚辈出于孝心建园以颐养天年，使"冲"趋"和"。皇家的老年人有太后，颐和园就是皇帝为孝敬太后所建。同一主题可以用不同的方式表达，上海建于明代的豫园也是孝敬老人的，但意却取自"豫悦老亲"。

另外，孟兆祯将园名与园中各处景名的常见设计手法看作一个抒情的序列，相当于行文的各个章节。清代朴学大师俞樾在苏州建有"曲园"。曲园是一座书斋园林，园中仅一亭一廊，一水一石，构图至简，一如作者简淡闲雅的个性。园址平面形如曲尺，本不十分理想，一般人会极力回避。但园主反向思维，因势利导，取意《老子》中"曲则全"之句，将园子命名为"曲园"，于曲折中生出新意，于至简中显出深情，寥寥几笔，人生的意蕴尽含其中。俞樾亲笔题写曲园楹联："忍屈伸去细碎广咨问除嫌吝，勤学行守基业治闺庭尚同素"，以"曲"名园，表明了园主人"曲则全"的道家思想和处世之道。曲园之中，俞樾讲学和会客之处，名曰"春在堂"。俞樾早年科举凭一句"花落春仍在"，打动了主考官曾国藩情系大清的爱国情结，得以高中。"春在"一词伴随着园主一生最为辉煌的记忆，而垂垂暮年之时，俞樾已经明白了人生的春天不是仕途功名，而是笔砚春秋。"生无补乎时，死无关乎数，辛辛苦苦，著二百五十余卷书，流播四方，是亦足矣；仰不愧于天，俯不作于人，浩浩荡荡，数半生三十多年事，放怀一笑，吾其归欤？""春在堂"上的楹联恰恰是曲园主人造园、立身、为人的最佳体现。

孟兆祯从具体案例中的设计细节中感悟到对现实生活加以大胆的艺术夸张，往往能收到奇效。苏州有占地仅约140m^{2}的自然山水园，园名"残粒园"。米粒本来就小，残而不全就更见其微了。然而，园虽乖小而尤精致，有亭、有山、有水，曲折深邃，起伏高低，错落有致。故园门内额题"锦窠"。"窠"为治印时在石面上勾画的控线，点明此园有藏万千气象于方寸之间的精妙。江苏常州"近园"内有一室，为言其小，取名"容膝居"，既夸张地表达了室小的意思，同时给人以"促膝谈心"的亲切感。承德避暑山庄山区有一道曲折而狭长的山谷，谷之尽端风景独好，于是随山傍水布置精舍数间，题名为"食蔗居"，借吃甘蔗越啃到根部越甜的生活常理，形象地暗示出优美的景点藏于末端（图2-5）。

楹联较之额题有更大的篇幅可以抒发胸臆。孟兆祯去壶口瀑布观瞻时，路过山西省某县境内的一座小庙。寺庙不大，选在大山谷壑中突起的绝巘上建寺。山上有一片葱茏的丛林格外醒目，令人暗叹这人工保养之功。走上前但见山门悬挂一副引人注目的楹联，上联是"砍吾树木吾不语"。这是一句铺垫，孟兆祯就纳闷：怎么会任人破坏树木而不言不语呢？再看下联吓了一跳"伤汝性命汝逃难"。谁不知禅林武功的利害，难怪林木保养得如此丰美。这也是孟兆祯仅见的以植物保护为内容的楹联，因此印象至深。

图 2-5　食蔗居复原模型
（资料来源：《园衍》）

扬州瘦西湖和其中的小金山皆借用了别地名景之名，加之自身立地环境优越，创造了独具特色的风景园林艺术，成为中国园林艺术中"借鸡下蛋"的典范。这个特点被作者以楹联的形式表达了出来："移来金山半点何惜乎小，借取西湖一角堪夸其瘦"。京口古城以三山依傍长江的美景著称，金、焦二山居于江上，北固山虎踞江岸，三山之上古刹环宇，林深水渺，是相互借景的极则。乾隆皇帝南巡时，曾留诗一首："长江好似砚池波，提起金焦当墨磨，铁塔（北固山铁塔）一支堪作笔，青天够写几行多？"乾隆皇帝以一句问语点出三山名胜，将比兴、借代等文学化手法运用至极致，让天人之境、人文名胜相互交融，极富天人合一的韵味。孟兆祯从古代名园案例中汲取经验，提出"学而不仿，学中有创，才能创造风景的特色"的观点。

从来多古意，可以赋新诗。孟兆祯倡导传统的问名、额题以及楹联等手法同样可以运用在今天的园林设计活动中。他在构思北京海关内庭园主景时，为了表明海关廉洁奉公、执法严明的立意，将其中一间半壁亭命名为"清风皓月亭"，两厢亭柱悬联曰"一轮皓月秋毫明察锁钥固，两袖清风丹心可鉴社稷安"。又在承担国家体育总局龙潭湖居住小区中心绿地设计时，立意"睦邻"，作联曰"无私报国苦为乐，有缘睦邻和是福"。这又是现代人活学传统，蕴生新意的佳例。

在孟兆祯的理论体系中，问名在于点明主题，既要恰如其分，让人与天合，更要突出人的情趣，其中的夸张、比兴既是"寓教于景"和"诗礼教化"的需要，更是天然景物得以人格化的必然历程，此即问名之旨。

四、相地借宜

相地中的"相"即审察和思考，相地就是对用地进行观察和审度。人们对于相面、相亲等事务大都耳熟能详，其实相地也一样，不过所相的对象和内容不同。孟兆祯将相地的含义归结为两个方面：其一是选择用地，所谓择址；其二是对用地基址进行全面踏勘和构思。选址有事半功倍之效，明地之宜和不宜方能发挥地宜。

孟兆祯提出，估算用地现状与建设目标之差，即设计者的设计内容，是现场实地分析的重要流程。他将兴造园林的目的和用地实际现状比作"因"，设计任务比作"借因成果"。在设计任务书中，现场分析相当于设计手法的伏笔。孟兆祯强调不要简单罗列、堆砌用地的一般材料，而要将其视为设计之先声的组成部分，着重分析有利和不利的条件。有了周密的现状分析，设计的凭借便就在其中。

相地的重要性，最早是由计成大师在《园冶·兴造论》中提出的："故凡造作，必先相地立基"，足见相地是广义建筑学具有普遍性的设计环节。他在《兴造论》中将相地的要领归结为："妙于得体合宜"，即要做到"相地合宜，构园得体"。他明确指出相地与设计成果间的必然联系。有宜就有不宜，因此"宜"是建立在对有利条件和不利条件综合分析基础之上的。"构园得体"犹如量体裁衣，必须合体才相宜。而兴造园林的关键就在于准确估量用地之异宜，设计出最适宜的构园之思，这样才能达到得体的艺术效果。"体"既含宏观环境，也包括微观景象；"得体"则偏重于总体的设计思路。有如文学创作，本来是小品题材的内容，却硬拉成一个长篇小说，自然不会得体。古人说："人之本在地，地之本在宜。"

"异宜"指用地环境间的差异。孟兆祯肯定客观存在的差异，并以之为创造园林艺术特色的依据之一，强调设计者要针对客观条件从主观方面加以关注。孟兆祯进一步将用地之宜分为自然资源与人文资源两方面。就自然资源来讲，主要是天时地利，包括地带性气候特征，如降水量、风向、气温、日照以及形成这些大气候条件的地形、地势特征。在此基础上，园林创造出人工微地形的变化，借地形与植物种植改善出更宜于人的小气候条件。这是园林设计首当其冲需要解决的问题，其中的重点是寻找出不利的生态条件。

孟兆祯认为相地的要点：一是要有积累，二是高度集中，在有限时间里要争取用地、如在胸臆。现代科技手段和工具比古代进步多了，我辈在相地方面亦须有所发展。

五、借景有因

孟兆祯对于"借景"的涵义讨论经历了几个阶段。孟兆祯的大学授课老师在教学中将从园内借园外之景称为借景，如从颐和园借玉泉山的塔景等。当时的孟兆祯有所不解，没有找到借景的真谛，只将其作为平行于设计理法之一的理法，而非将借景视为传统设计理法中心，其间处于不清状态有五十余年。后来孟兆祯通过查询《辞海》等辞书，得知古时"借"与"藉"为同义词，逐渐领悟借景并非借贷之借，而是凭藉之借。词义明确便迎刃而解，一通百通。颐和园借园外的玉泉山是借景中之"邻借"，是借景中的一类而并不是普遍性的借景，有如"白马非马"的道理。

在孟兆祯如今的中国风景园林设计序列理论中,借景首先秉承了中国文学"比兴"手法的传统,也传承了中国优秀传统文化的物我交融、托物言志等观念。孟兆祯借景理论由造园、造景等实践中来,并再三被实践证明是造园艺术的真理。这又从另一个方面证明了中国园林与中华文化艺术一脉相承的特色所在。其二,借景主宰了中国园林设计的所有环节。虽然从序列来看分为:立意、相地、问名、布局、理微和余韵等环节,但无一不以借景贯穿始终。

借因造景、藉因成景,孟兆祯指出其二元因素(即"因"和"景")的根本代表就是物、我,也就是自然与人。借景的托物言志,体现在将自然的拟人化过程中。

借景作为统帅园林全局的理法必然是概括性的,只能表达言简意赅的内容,计成最终归纳出借景的诀窍在于"巧于因借,精在体宜"。计成一位朋友之弟郑元勋,在其著《园冶·题词》中提道:"园有异宜,无成法,不可得而传也。"他又说道:"此人之有异宜。"孟兆祯对此的解读是可以把园林中的"巧于因借"具体落实到人与地之"异宜"。即巧于因地制宜地借景,精在体验和体现园之"异宜"。借景凭借用地在自然资源和历史人文资源方面的优势,精深之处在于体现出该用地的地宜。"借景随机"指要慧眼识地宜,而且要随机应变地抓住地宜中的因,觅因成果。事物都有因果关系,设计成果要从因找起,找出因来凭借成果。因此,借景首先强调的就是对用地环境的认识、评价和利用,避其不宜,借其有宜。中国园林所谓"景以境出""景因境成"都可视为借景的同义语。

孟兆祯以人杰地灵的杭州西湖为例分析其借景之妙。西湖,借湖在城西而名,又借苏东坡《饮湖上初晴后雨》诗句"欲把西湖比西子,淡妆浓抹总相宜",而更肯定了这名称,湖借西子而人化,西湖原为海水退出后形成的潟(xì)湖,又得武林水东流而成为淡水。其不但据"三面湖山一面城"之胜,而且山水兼得"三远",比例恰如人意而成为古代的公共游览地。但全凭朴素的自然还不足以形成今日"谁能识其全"(《怀西湖寄晁美叔同年》)的天人交融的风景名胜区。它是由历代先贤们借疏浚造山水景,近千年逐渐累积而成的。孤山为西湖北山余脉,自湖中上升为绝巘,形势融结而孤立在湖中。唐代利用浚湖土兴修白堤,使山与西湖东岸连为一体。西以西泠桥贯通东西,同时化整为零,划分出里西湖和外西湖的山水空间。这就使西湖美景具有层次,并成为"断桥残雪"。宋代苏轼借沟通南北的交通而兴建了苏堤,成为"苏堤春晓"的景点。苏堤设六

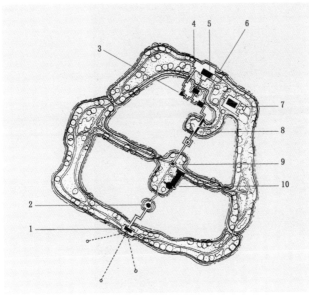

1—我心相印亭；
2—"三潭印月"
御碑亭；
3—开网亭；
4—先贤祠；
5—先贤祠正厅；
6—亭亭亭；
7—闲放台；
8—漏花墙；
9—四方亭；
10—花鸟厅。

图 2-6　三潭印月（小瀛洲）平面图（资料来源：《园衍》）

桥为使西来之水畅通并分隔西里湖。宋代还用清淤的湖泥堆出主岛"小瀛洲"，主岛体量大而疏浚的湖泥不足，岛内做田字形堤垅，形成"湖中有岛，岛中有湖"的山水格局和复层水面（图2-6）。为了防止葑草在淤泥处蔓生，以石灯塔三点控制一片水域的水深，又创造了"三潭印月"之景。宋明之交，用浚湖泥堆了辅弼主岛的客岛"湖心亭"。清代用湖泥堆了"配岛"，借纪念阮公和圆墩装岛形称岛为"阮公墩"。新中国成立以后也浚湖，但以"吹泥"的施工方法兴建了太子湾公园。纵观西湖之建设，自唐、宋、元、明、清至今，千年来世代接力合作同一篇山水文章，共同之处都是借宜成景。

西湖是举世闻名的风景名胜区，其中孟兆祯更偏爱灵隐和西泠印社。其地宜的主要特点是地处武林山后北高峰下，水态清灵而地势幽隐，山和水都具有特殊的性格。"武林山，武林水所出"，盖古杭州淡水的发源地，流向自西而东。其山原名天竺山，表层砂岩也已风化，裸露的石表系石灰岩构成，因此与周围表层尚为砂岩的岩石地貌形象迥异。这本是自然的地理现象，但被灵隐寺开山鼻祖印度名僧慧理法师利用为问名之由，戏谓此山自天竺（即印度）飞来，故名"飞来峰"（图2-7）。由于借景于地宜十分巧妙、贴切，加之山中多由石灰岩地貌形成的奇峰、怪洞、异

图 2-7　飞来峰（资料来源：《园衍》）

石，次生杂木为主的林木，营造出佛界精灵出隐其间，来去无踪的氛围，声名从此大振。

灵隐最吸引人的是飞来峰山麓的天然石灰洞群，洞穴潜藏，洞洞相通，因借成景，堪称鬼斧神工。在裸露的石灰岩上施以人工造像也是因地制宜，随石成像。历经年久，弥显光洁圆熟，尊尊耐人寻味。

孟兆祯视西泠印社为中国台地造园的经典之作，从借景的视角解读其造园的精妙之处。中国金石印学博大精深，而西泠印社为清末民初兴起的研究篆刻艺术的学术团体。此景点占地虽不过五亩[1]有余，由于地近沟通内外湖的西泠桥，而具有清旷泠逸的地宜，同时又可心、可人，因山构室而得永恒的佳趣。兴造时由于有大量文人的参与，可谓得天既厚又匠心独运，形成性格鲜明、景色独特的人工造园，不仅书卷气十足，而且俯仰之处皆具有金石的风韵。

西泠印社依山而起，大致可分为山麓、山腰、山顶三层台地以及后山四大景区。山麓南向辟圆洞门与西湖景色相互渗透，可纳湖中岛景。西亦辟便门与纪念欧阳修的"六一泉"为邻。山麓于"柏堂"南就低凿池一

1　1亩=1/15hm²，下同。

方，其东构筑水渠导山水入池。"柏堂"东西各添置了廊宇，原与邻舍屋面交线颇有印章"破边角"处理的韵味。穿过以柏堂为主体的山麓庭院，便有古拙简朴的石牌坊，于西面山口蹬道处将游人承转到山腰。山腰建筑沿等高线依山形递进，屋宇体量虽不大，却与山肌熨帖有致、互生相安。缘路而上，当道作为对景的是"山川雨露图书室"，东有"仰贤亭"。此处原有"石交亭""宝印山房"，印社藏书处"福连精舍"等建筑，现均多不存。穿"仰贤亭"西门洞而过，即可见对景"印泉"。

杭州地处江南腹地，潮润多雨，林木荫翳，尤其春夏苦湿闷，因而线装书和宣纸都须防潮。将高处分散四流的水汇集成池，可以很好地起到收敛水湿气的作用。山顶除石室外还建有一塔、一阁、一馆、一楼，多占周边地，各得其所，随遇而安。精瘦小巧的"华严经石塔"为标志性主景，面临文、闲二泉。文泉石壁上镌刻有"西泠印社"四字，引人注目。"四照阁"与"骚堂"构成下堂上阁的建筑结构。"四照阁"的楹联诠释了其得景成韵的借景手法："合内湖外湖风景奇观都归一览，萃东浙西浙人文秀气独有千秋"。现此联有时移至"吴昌硕纪念室"。循洞北出东折，即可达"题襟阁"北端，此地高踞分水岭，势若关隘。顺北坡直下，至石牌坊便可出社。而回首望去，西泠印社据巅而立，上层挂崖架柱，底层据岩铭刻，方寸之间，气象万千，不正是金石学的精髓所现吗？印社北门如城堞高挑，有联曰："高风振千古，印学话西泠。"章法之"合"。

同时，孟兆祯以例释方法分析各园林类型中的借景理法。城市园林无论私家宅园或皇家宫苑也都由借景而来，皇家园林要表达"普天之下莫非王土"和"一池三山"的仙境也都是从"巧于因借"而来的。圆明园的用地"丹陵沜"的原址是零星水面的沼泽地，故疏通、合并一些水面，形成水岛组合的自然山水空间。因这种地宜就用"九州清晏"来反映王土安宁，以"相去方丈"的福海把仙岛放在福海的中央。而承德避暑山庄五分之四的面积是山区，便以山区、草原区、水乡区来反映王土，仙岛从"芝径云堤"衍生出状若灵芝的三仙岛。北京北海和中南海由旧河床改建而成，是"长河如绳"的水形，故三仙岛分布成带状（图2-8）。

孟兆祯点明"借景随机"是借景的要理，这其中的"机"不仅指时间，也包含空间，要具有特殊性。

以山石而论，并非一定是太湖石的"透、漏、皱、瘦、丑"才能入流。石秀天成，但并非是石皆美。天然之美还要结合人的审美观。这又归于天人合一了。所论湖石之美，同于人以体形高挑、颀长、瘦劲为

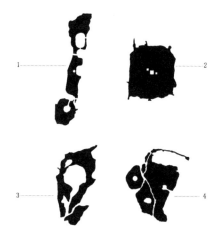

1—北海、中海、南海；2—圆明园；
3—承德避暑山庄；4—颐和园。

图2-8 一池三山"一法多式"（资料来源：
《园衍》）

美；反之，矮胖、臃肿则不美。李清照有"人比黄花瘦"之喻，今有追求骨感、瘦美之风。湖石成岩因受碳酸熔融而出现透、漏等鬼斧神工的自然美，这与人类追求空灵之美是吻合的，但对山石特有之机，一般就较难认识了。

孟兆祯曾见西安清真寺有一石置于屋檐之下，既无可取之轮廓外形，也谈不上优良的质地和色泽。石呈竖高，满身乳状突起而带灰白色，犹如被蚊子咬得满身包，看似老玉米又不整齐，又像是受寒风所侵浑身起的鸡皮疙瘩，何美之有，借景因何？但从另一视角来看，每逢大雨倾盆，雨水沿屋檐滴洒而下，水流自上而下从石头乳状突起的沟纹间穿流而过。由于视觉上相对运动的错觉，山石上的乳状突起物像一群小白鼠往上蹿跃，蹦蹦跳跳，川流不息，直至雨霁方休。这便就形成了所谓的"银鼠竞攀"的罕见动态奇景。一块满身是包的石头顿时显灵，令人叫绝，足见置石之人捕捉机遇之功力（图2-9）。

计成《园冶》云："物情所逗，目寄心期……借景无由，触情俱是。""目寄心期"的统一必然动之以情。"借景无由，触情俱是"说明借景理法成功之路是主客观的统一，触动游人的情感。孟兆祯进而扩充借景之内涵，提出只要能让游人动情赏心，那都是借景，这是借景理法唯一的标准。他认为用"借景无由，触情俱是"来规范借景成功与否极其重要，常见不少园林作品以很简单或不符合风景园林艺术特色的手法来表达，但不能令游人为之动心，是失败的。

图2-9 西安清真寺"银鼠竞攀"置石（冯其格供图）

扬州个园以山石塑造四季景色为特色。中国地处欧亚大陆东部，属北寒带季风性气候，四季冷暖干湿分明。中国文化将对四时的认识概括为：春生，夏长，秋收，冬藏。春季是植物萌生的季节，画家石涛在《四时论》中的描述是"春如莎草发，长共云水连"，即春天野草相继破土而出，由于地面空旷，视野开阔，目及云水相连的地平线。江南人熟知的"春生"的典型形象是"雨后春笋"。春季里雨后竹笋的生长极快，例如毛竹一夜能窜起一米多高，夜深人静时甚至可以听见生长拔节的声音，这便是园林艺术因借的生活依据。设计者很巧妙地想到山石材料中有一种"石笋"，因外形像笋而得名，于是首先使用低花台将一片竹林托起，在竹林间有疏有密、高低参差地矗放数株石笋，一幅不着笔墨的"春山图"宛然而现（图2-10）。

石涛将夏季描写为"夏地树长荫，水边风最凉"。夏山凭借的主要造景因子是云、水和林荫。园林艺术中山石别名"云根"，有云："置石看

图 2-10　扬州个园"春山"（资料来源：《园衍》）

图 2-11　扬州个园"夏山"（资料来源：《园衍》）

云起，移石动云根。"说明叠石掇山可参考云形的变化。白色太湖石既有云态又洁白如夏积云，因此个园夏景掇山的石料选用了白色的太湖石。为表现有山有水的景致，山形便取负阴抱阳之势，将形如夏云之山置于园西北隅，湖石山之南掘水池，这样入门后的视点恰好可以体味春诗末句"长共云水连"的意境。池山之间的联系有曲折石板桥紧贴水面，迂回婉转引入洞口，再循洞而上可登山顶。同时这个爬山洞可产生烟囱般的抽风作用，水面带有荷香的凉风便自然地由洞道一直抽拔到山顶小亭石桌之下。即使酷暑时节，人坐亭中仍可享受到凉风习习、荷香薰衣的美意。加之山下浓荫乔木覆盖所形成的亭山背景，正合"夏地树长荫，水边风最凉"诗意。所以，意境虽然有时看起来玄妙无比，只可意会，不可言传，但如果设计者和欣赏者同时具有深厚的文化底蕴，就可以通过对作品的欣赏而产生共鸣，以达到赏心悦目的艺术境界（图2-11）。

秋山按石涛描写为"寒城宜以眺，平楚正苍然"。人皆知秋季是收获的季节、金色的季节，因而色彩上应以黄色为主。秋高气爽，万里无云，天朗而空气明净，因而中国人有"九九登高"的习俗。设计者根据这些因素将秋山定性为：色彩金黄、山高宜于攀眺、气质明净清朗。进一步将逻辑思维转化为形象思维，石材选用黄石，布局上将秋山定位为全园的制高点，不仅在高度上制胜，而且在掇山单元组合上出奇，令人叹服。从结构而言，取下洞上亭之式；洞叠为三层，自下而上，收凑结顶，远观则有挺拔凌空之势，近赏则因视距小而效果更突出。其西侧奇谷盘旋、飞梁横空，甚是险绝。而南侧扩"谷"为"壑"，壑间石岗起伏。山洞首层相对

图2-12 扬州个园"秋山"
（资料来源：《园衍》）

宽绰，石门石榻，若有仙迹。山洞内外景色迥异，由外观内，层次深远，由明窥暗，莫知几许；由内观外，洞口框景则由暗渐明，对比强烈。山洞盘旋而上，至亭处，全园尽收眼底，亭作曲尺形。黄石颜色由浅至深，与石缝间地锦叶的秋黄以及乔木的沧桑秋色融为一体，令游人赏心悦目，深切体验到"秋山明净而如妆"的意境（图2-12）。

秋山与冬山衔接于个园的东南隅，园墙以内、建筑以南，仅一窄仄之地，却布置得独具匠心。隆冬季节在人们心目中的印象是北风呼啸、滴水成冰、大雪封山，但蜡梅飘香，傲雪凌霜，独有花枝俏。借此情理，设计者选用了安徽宣城所出产的宣石，上白下灰，恰如皑皑白雪覆盖石顶，且终年不化。借南院墙做成山石花台，其中散植蜡梅，点缀出冬意。石涛在论四时之冬景时说道："路渺笔先到，池寒墨更寒。"冬山北邻水池颇有画意，而最值得赞扬的是借院墙来造景：利用南墙面高处开凿了多个圆孔形透窗，穿堂风所到之处呼啸作响，利用听觉效果的感染完善对冬山的塑造。更有意思的是冬山与春山东西相隔的一段小墙，以透窗沟通冬与春的景致，让人感受到四季循环往复，周而复始，冬去春来，气象更新的轮回。框景中翠竹数竿，竹下依旧是石笋嶙峋，入园时的初情油然而生（图2-13）。

孟兆祯认为借景的最高境界应达到阮大铖在《园冶·冶叙》中提道的

图 2-13　扬州个园"冬山"
窗景（资料来源：《园衍》）

"臆绝灵奇"的境界。前两字是构想的境界，后两字是效果的境界。《园冶注释》对"臆绝"的解释为"臆通意，绝与极通。含有性格非常之意"不无道理。孟兆祯则更侧重于"臆"是指冥思苦想以至精神虚幻，以求不同于人。"臆绝"就是思考到如醉如痴的绝处境界，为一般人所不能理解的境界，从而得到绝处逢生的艺术效果。孟兆祯希望能够从达到这种境界的借景精品中汲取其高超的手法，于是踏遍祖国的大江南北，从城市园林到风景名胜，以实景印证理论，积累了大量值得学习的借景案例。

20世纪60年代，孟兆祯在泰山山麓唐代普照寺大雄宝殿后发现破格之处。原来有一株古油松昂然挺立，由于寺内养护精细，形体颀长高大、枝密叶茂、苍古虬曲。每值皓月当空，月光被浓密的枝叶分隔为无数放射形的光束洒满地面，煞是好看。大家都有感于自然美之博大永恒。仅止于此，还并未发掘出它的潜在美，即创造以社会美融入自然美的风景园林艺术美。有道是"玉不琢不成器"，何况中国传统文化可以赋自然美景以人意。巧取名目就可使自然之美升华到艺术美而丝毫不需地更动自然景物。例如黄山以云、松、石著称，借石为猴，借云为海便创造了"猴子观海"的景点。对自然无为而只是赋予了人意，这就是天人合一。大自然是我们的老师，有取之不尽、用之不竭的自然风景资源，却并无人意。只有

图 2-14　泰山普照寺"长松筛月"（资料来源：《园衍》）

从这一点上来说可以"夺天工"，实际上是夺天工之无人意。在此，设计者以"长松筛月"名景并把"筛月"镌刻于松下之石（图2-14）。关键的一个字"筛"，一石激起千层浪，这一下便满足了中国人"赏心悦目"的审美要求。绝也有绝的道理，电影艺术家谢添总结电影艺术的理论具有普遍的指导意义。他说要在"情理之中，意料之外"，首先要符合情理，不符合情理就不科学、不客观，人们不会信服。但仅仅在情理之中，只有科学性，没有艺术性那是不够的，必须还要在意料之外。这是创造绝的主要方面。筛子过筛是人人皆知的情理，而过筛的是月光，这是出人意料以外，引用的比喻这么熨帖、这么突破出格而具有对心灵的撞击力。于是进一步发挥，后人又在古松之侧设置了一座正方攒尖的"筛月亭"，四柱无堵，翼角高高翘起，每边都有对联与环境联系。其中正面的一副对联曰"高举两椽为得月，不安四壁怕遮山"。把为何在此安亭，亭的立面构图为什么高举椽起初都交代得很清楚，把凭借什么造景、借景的道理都表现了出来。

　　"臆绝灵奇"是借景的最高境，这种水平的作品不是很多，但确实有，也不是个别，值得深入研究和永续发展。重点在如何依据用地定性的造景目的和独特的地宜借景，如何把塑造的意境化为景物和景象。孟兆祯总结出借景是中国风景园林传统涉及理法的核心，是因为借景贯穿着立意、相地、问名、布局、理微、余韵，作为轴心向这些理法放射不尽之光芒（图2-15）。

　　明旨是造园和造景的目的，并因此定位、定性。中国传统园林造景的缘由，或告老还乡养老，或造园以孝敬父母，或官场失意甚至闭门思过，或隐逸自闲，或夫妇双隐，或为子孙创造清新的读书环境，或饲养万牲，或专植花木，或避暑越冬，或以诗、书、歌会友，或同乡集聚，或敬神拜

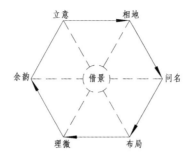

图2-15　借景理法（资料来源：
《园衍》）

佛，或祭天祀地，或山居养性，有的放矢，借因成果，古今皆然。只不过
"旨"因时代而进步，但又万变不离其宗，总是保护、利用和延续自然环
境和人造环境。

　　相地犹如相面、相亲一样，是观察和思度所相对象之优劣。比如清代
皇家来自关外冷凉地带，不习惯北京之暑热，便要寻求避暑行宫，把日常
理政和避居结为一体。因此既要有促成冷凉气候的自然、优美环境，又要
靠近京师而易于控制政局。康熙花了六七年时间，跑了大半个中国，最后
才选定承德避暑山庄，相地合宜，构园得体，事半而功倍。

　　立意往往和问名密切相关，还可以延展到整个风景园林的文学、绘
画造诣，包括景名、题额、楹联、摩崖石刻等。"名"为"意"的外在表
现，必须是具象的；意为名之内在含蓄。因境问"名"，要达到"问名心
晓"，一看名称便心里明白含义。当然问名者也必须具有相应的文化水
平。例如，广东番禺的余荫山房有精小之亭名"味榄轩"，取意少吃多知
味也。江苏同里任兰生因获罪造"退思园"表达退而思过的意愿。园中景
点也多是冷凉低调的，如退思草堂、辛台、菰蒲生凉、卧云亭等。承德避
暑山庄的"食蔗居"，因借"食蔗末益甘"而引出松树山谷尽端风景最美
好之意。其中"小许庵"的草舍就牵涉一些典故。"许"指的是许由，尧
帝欲让位给他，许由推辞不受而逃避居于箕山下农耕而食，尧又请他做九
州长官，他到颍水边洗耳，表示不愿听并洗污洁身，是为洗耳记。

　　借景之于布局也十分重要，因景区、景点名目皆借景而生。中国园林
传统布局的原则是"景以境出"，境指用地环境和立意之意境。首先是山
水地形骨架，一般是"负阴抱阳，藏风聚气"，阴为山，阳为水。我国总
地势西北高，东南低，冬季西北干冷之风要屏障阻挡，而令水面充分受阳
光而自洁。现代有些建筑置于水边南岸，结果建筑的阴影令水面得不到必

要的日照而发臭。藏"风"可指阴霾之风，以山藏水，以水聚生息之气。布局章法采用起、承、转、合，犹如文章一篇，要因地制宜。如堂大多是向阳、坐北朝南，但遇到适于"倒座"的布局，堂亦可坐南向北，如避暑山庄松云峡中的"碧静堂"。楼阁一般是布置在后面的，但如果园子入口旁原为城墙高地，那么楼也可安置在前面（图2-16）。

余韵，指风景名胜区或城市园林基本建成后衍展之余音，余韵适可而止而又可再发。比如杭州的灵隐胜境，所借自然资源一是山，二是水。山之特殊性在于表层砂岩风化掉了，露出纯净的石灰岩被含酸的水溶蚀成千变万化的洞壑景观，而与周围尚以砂岩为表层的山从景观讲迥然不同。

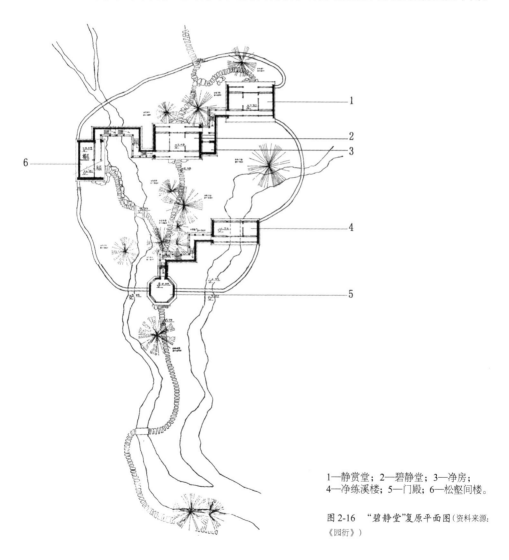

1—静赏堂；2—碧静堂；3—净房；
4—净练溪楼；5—门殿；6—松壑间楼。

图2-16 "碧静堂"复原平面图（资料来源：《园衍》）

印度和尚慧理，借此而说此山是从印度飞来的，从而首创"飞来峰"的山景。人问何以为证，他说"我养着猿猴招之即来"，于是山上有了"呼猿洞"。此地两水抱山，其中一水还汇合了从地下涌出的地下水。地下水温较地面水低，借此因而名"冷泉"，并衍生"冷泉亭"。"天下名山僧占多"，对山滨水之处兴造了灵隐寺，天人合一的灵隐胜境基本建成。又有人借苏东坡描写春天雪融化后山洪下泻的诗句："春淙如礟雷"，在山溪中建了礟雷亭。由于难挡山洪冲击，冲毁数次而改亭址于岸上，与冷泉亭相伴。后有人提问："泉自几时冷起，峰从何处飞来？"这本是难以作答的，但借"以其人之身还其人之道"便可答"泉自冷时冷起，峰从来处飞来"，并成为楹联流传下来。这都是借景产生的余韵。

以上论述可以说明孟兆祯以借景为中国风景园林传统设计理法的中心环节的原因。他强调：要把握这一点，打好积累借景理法的基础，以达到理解其中道理且能得心应手地运用的目的。借景随机、触情俱是、臆绝灵奇谈何容易，唯一途径是挖掘、学习、研究，积少成多，并密切联系设计实践运用。滴水汇成川，借景理法不仅是可以学到手的，而且可以创新地发展。

六、布局借利

清代画家笪重光说："文章是案头上的山水，山水是地面上的文章。"孟兆祯融会贯通，认为设计园林作品和作文一样讲究章法，园林之总体布局相当于文学之"谋篇"。他梳理设计园林的步骤流程，指出首先要章法不谬，由字造句，组句成段，结段成章，构章成篇。只不过园林有其专业的语言，而且谋篇和相地是紧密地联系在一起的。孟兆祯将传统章回小说的结构与在中国园林是"各景"的空间划分和循序而进的空间组合相对应，逐一展开，分层展示，重点讨论了园林空间起、承、转、合的章法序列。

园有园名，景有景题，按题行文，逐一开展。"起"之所以重要，如同人之初识，给读者或游客一个最初的亮相，但并不是大量堆砌、一览无余的展现，而应多从诱导方面考虑，导人入游。大量未展开的景致还是要藏起来，若隐若现，逗人深求。这一个"起"字不但要反映、忠实于园之定位与定性，而且要以园林艺术形象点出其定性的特色。江南私家园林都有"日涉成趣"的要求，这首先体现在"涉门成趣"。

颐和园东起仁寿门，门框内特置竖石成景、对景兼作障景。过仁寿殿又进入压缩空间的假山谷，峰回路转而出谷则一片开阔明朗的昆明湖豁然展现于眼前。仁寿殿后的假山主要是使其与元代功臣耶律楚材祠有所隔离，又借隔离之山开辟了引人入胜的峡谷，玉成了"起"景的变化。

　　"起"景应与周围环境取得合宜的关系，以适度为宜，引起游兴而已，切忌大量堆砌，贵在精湛。"起"是有度的，起完一段就要另起一景来承接，这就是"承"。园林是景观空间的承接，凡是空间皆有功能、性格与特色，如一味地承接同一性格的空间，则给游人造成千景一面的厌烦心理。因此必须要"转"，即空间的转换。概括而言景观可归纳为两大类型，即"旷观"与"幽观"。根据不同的空间功能和性格，可以用不同大小、不同地形和不同的造景因素来组合成性格各异的空间。地形的"幽观"可运用沟、谷、壑、洞、岩，地面造景因素可用山石、植物、建筑和水景等。"旷观"地形则为坡、岗、峰、岭和辽阔的平原、水面等。也可用不同造景因素作不同的组合。因此，一个"转"字反映了园林空间的划分与联系，这也是章法的主要内容所在。转来转去总要有一个相对的了结，这就是"合"，相当于景观的总结。总结可以是终结，但不一定都是终结，而且大多数情况下不是终结。颐和园以牌坊和东宫门为"起"，仁寿殿西土山山谷为"承"，出谷各条游览路线都有所"转"，最后是登佛香阁尽收眼底的一"合"（图2-17）。

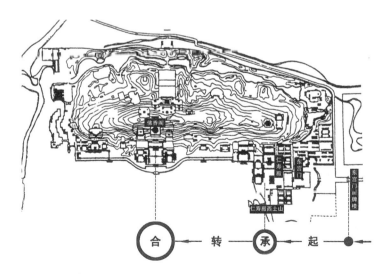

图 2-17　颐和园"起、承、转、合"示意图（资料来源：《园衍》）

孟兆祯将常见的园林布局归纳为两大类型。一种是主景突出式布局，拥有控制全园的主景，令人一见难忘，如颐和园的佛香阁、北京北海的白塔、镇江金山的慈寿塔等。另一种为集锦式布局，没有控制全园的主景，如圆明园、承德避暑山庄等皆属此类。此类布局可以有控制某一景区的主景，如避暑山庄东部湖区的主景是金山"上帝阁"，北部湖区的主景是"烟雨楼"，而南部湖区的主景是"水心榭"，以上景点各主一方，而综观全园并无可控制整体的主景。

从景区和景点的关系出发，孟兆祯将布局细化为布局景区和景点在总体方面的组织与组合。景点因地宜而起，造园目的要付诸景点，而景点又要与用地的实际情况联系起来，相邻而且联系性很强的便可组成景区。布局在于把这些相当于文句、文段的景区和景点凑为一篇可言志而又令人回味无穷的文章。城市园林有章法，风景名胜区有没有章法呢？也是有的，但不同于城市园林以人造为主，布局的能动性主要在于人，风景名胜区以自然风景为载体，通过历史人物的开发，"景物因人成胜慨"，布局的因素也就在其中。

难于布局的用地多为500亩以上的大型园林，或100多m^2左右的小型园林，或在特别狭长、扁阔的地形内做文章。欲使大而不空，就要取传统园林园中有园的结构，大园中组织自成空间的小园。占地5200亩的圆明园，先建居西之圆明园，再扩建其东的长春园和居东南的万春园，合三园为一园，故有"园明三园"之称。各园中园内还有小园里的园中园以及景区。以圆明园中的"九州清晏"景区而论，环"后湖"有九个岛象征九州，而各岛又有独自的景名、意境和自成空间的完整布局，九个岛又构成整个景区的布局。这样分不同层次各景开展，便不会有因大而空的感觉。由于历史的特殊原因，中国古代园林建筑的用地比例很大，但这并不影响化整为零、集零为整的理法应用。以山水地形和植物材料为主，建筑为辅；也可以应用园中有园的传统。

孟兆祯着重列举了不同规模与形态的园林中布局的理法。其一，"大中见小"是大园布局的主要理法，"小中见大"则是小园布局的主要理法。现存苏州"残粒园"便是占地仅140m^2的写意自然山水园，其主要手段就是周边式布置，以水为心，并利用"下洞上亭""借壁安亭"，特别是运用假山扩大空间感的手法。"掇山须知占天"，意谓在占有较小地面积的前提下，利用假山组织多层次、富于三远的空间。残粒园由圆形地穴引入，当门径安置竖立的湖石为对景。围墙内辟水池及自然山石驳岸，令

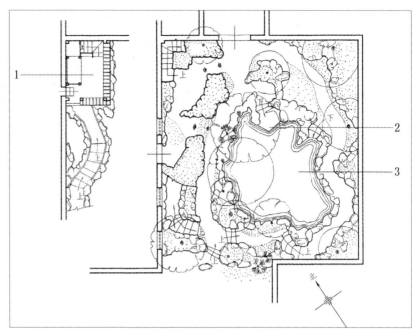

1—栝苍亭；2—石矶；3—水池。

图2-18　残粒园平面图（资料来源：刘敦桢《苏州古典园林》）

水深涵。水池中的"镜观"对扩大空间起了决定性作用。小路曲折起伏，抱池蜿蜒。主景"栝苍亭"（图2-18）借宅邸高楼的山墙而起半壁方亭。亭坐落在园门北侧的假山洞上，循爬山洞自然踏跺而上进入栝苍亭。亭居高临池，位置和造型都突出，而尺度又与环境相称。亭虽小而犹划分为里外两层空间。内层借壁置博古架，外层则可同园内俯瞰全园，成为全园成景、得景的最佳视点。布局以圆洞门及特置山石对景为起，假山洞为承，栝苍亭兼为"转"及"合"。下亭则以山石为支墩，架空踏跺宛转而下。山石支墩间掇为洞状，这又增加了墙前的层次和景深。仅百余平方米的面积却整饬成写意自然山水园，有山、水、洞、亭之胜，不仅没有局促的感觉，反令人感到疏朗有致、绰绰有余。游人闻"残粒"之名而来，不想所得的是小中见大的空间，可谓小园布局的典范。

再者，园林用地的面积和形状不能完全凭主观想象而定。《园冶·兴造论》："假如基地偏缺，邻嵌何必欲求其齐。"四川成都附近的新都有"桂湖"，因"邻嵌"而成狭长形水面（图2-19），用地长宽之比悬殊，但利用半岛、全岛分割水面，水空间由于有了相宜的横向分割和渗透就基

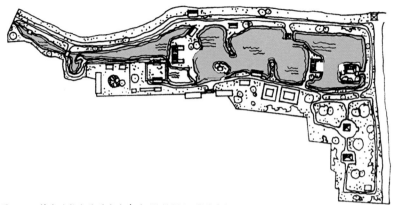

图 2-19　桂湖狭长水体的分水岛屿（资料来源：《园衍》）

本上消除了过于狭长之弊，甚至可化弊为利，变狭长为深远。因此，恰当的横分隔是改善狭长布局的手段。

孟兆祯进一步整理归纳布局的具体内容，主要论述了山水间架、园林建筑布置、植物种植设计等方面。

（一）山水间架

首先是山的内涵和精神。

中华民族崇尚山水渊源久远，"江山"可以成为"国家"的同义语，山水清音是至高无上的艺术境界，这是我国自然环境和人文因素结为一体的综合因素所致。我国疆土上一大半是山，有山就有水，自西而东，千古流淌。三山五岳、五湖四海形成古代中国九州的版图。治水从来就是国家大事，上古的洪水导致人与水的生产斗争，鲧用堵截法治洪水失败，禹用疏导之法治洪水成功。疏濬挖山的泥土，以人工堆成九州山，生民上山抗洪而得以活命，这才产生仁者乐山的概念。

早在春秋时代孔子便有"为山九仞，功亏一篑"之喻，并进而形成"仁者乐山，智者乐水""仁者寿"等儒家哲理。孔子提出"君子比德于山水"的哲理在我国形成广泛而深入的影响。儒家将水视为包含品德、正义、道德、正统、志向、力量、持平、洞察、智慧、知命、善化、勇猛、英武等诸多美德的化身，体现并涵盖了儒家理想的君子品行。这些哲学、美学观念对中国之后的文学、绘画、建筑、园林等艺术领域起到了决定性的影响。

我国西周出现的"灵囿"的基本地形和骨架是灵台与灵沼。灵台有与山岳相似的祭祀、观眺风景功能；灵沼即水体，都是挖低填高的人工营造，且具有山水的高下之秀。这是据今所知我国园林造土山记载之始。汉武帝因循历代传统形成"一池三山"之制，并成为中国皇家园林传承发展"一池三山"的基本山水框架。

东晋陶渊明的田园诗也是山水诗，其《桃花源记》中先抑后扬，世外桃源的手法与意境屡次应用在各地的造园实践中。魏晋六朝时中国的绘画艺术逐渐由人物画发展为以描写自然山水为主体的山水画，出现文人对自然山水风景的提炼、升华。宋代苏东坡对唐代王维的画有一段著名评语："观摩诘之画，画中有诗。味摩诘之诗，诗中有画"。王维的"辋川别业"正是凝诗入画的文人写意自然山水园。北宋徽宗的寿山"艮岳"将文人写意自然山水园推向登峰造极的高度。其后，元、明、清时期中国的造园艺术手法趋于成熟，至康乾盛世出现古代造园最后一个高峰，至此文人写意自然山水园成了中国园林的民族特色。

世界上有山有水的国家何其多，但仅有自然资源而没有人文资源与其相结合，就不会产生写意自然山水园。石灰岩分布最多的国家是加拿大，我国居第二位，但唯有中国创造了极具民族特色的假山技艺。中国园林艺术"虽由人作，宛自天开"的境界、准则和"寓教于景"的理法均由此产生并持续地继往开来、与时俱进、不断发展完善。

孟兆祯表示"有真为假，做假成真"是园林艺术总法则的另一种表达形式，这对于利用自然山水和人造自然山水都至为重要。这几乎是"外师造化，内得心源"的同义语。作为园林工作者，要"读万卷书，行万里路"。何为山势，何为脉络，何谓脉络贯通，如何嶙峋起伏，如何逶迤回环，结合理论方面的学习好好看一看山，观一观水。水体本身无形，根据水往低处流的物理特性可以得地成形。前人说，"水因山秀，山因水活"，山水相映才成趣。水遇山之阻挡，如何转道而行；山受水的冲蚀，如何形成窝、沟、洞。一瞬而过的山水景观用照相机拍摄成自然山水的素材资料，细嚼其味，是可以从中寻觅出自然山水之神韵的。以前人在地质构造、山水画论和游记、小说乃至专著中总结的理论，结合身临其境的踏查和空中鸟瞰，便不觉逐渐悟出一个道理来。大千世界磅礴，人造自然拳山勺水，如何在相对狭小的空间里运用总体概括、提炼和局部夸张的艺术手法造山理水？通过"搜尽奇峰打草稿"，师法自然，积累经验，人造自然山水便不会是头脑一片空白。根据用地对造园目的进行定性、定位，再结合用地的地宜，便可一挥而就地写出山水文章。

无论是自然还是人造自然景观无不以山水结合、相映成趣为上。将自然风景视为优美的自然环境，所谓"养鹿堪游，种鱼可捕"，是将动物也看作是自然景观的组成部分。山水是我国典型的自然景观表现和组合形式。清代石涛《画语录》中说："得乾坤之理者，山水之质也"。道出山水相互依存，相得益彰的关系。又说："水得地而流，地得水而柔""山无水泉则不活"。以布局而言，山水之密切关系正如笪重光在《画筌》中所言："山脉之通，按其水境。水道之达，理其山形。"喻山为骨骼，水为血脉，建筑为眼睛，道路为经络，树木花草为毛发的说法也是对自然拟人化的一种理解。凡于有真山的环境中造山者，就要运用"混假于真"的手法。

在设计行为中，孟兆祯给出了具体的建议：先拟定是以山为主，以水辅山；还是以水为主，以山傍水。要先立主体，因主体之形势而决定所需之辅弼。应用最普遍的是堆筑土山的方法，也已成为园林地形设计的主体。合理利用以土山营造地形的手法，可以为某一地带内不同生态习性的植物创造不同的小气候生态条件，也可以增添地面上景物起伏高低的视觉变化，更可以作为划分空间和组织空间的手段。掇山多用于大园局部空间的处理或将小园做成假山园。石山戴土则可作为岩生植物的种植床。

造山必须有明确的目的，是作为全园构图中心的主山，还是作为分割空间的山体，还是作为增加微地形变化和组织游览路线的土阜。明确功能以后，土山的高度和体量也就随之可定。主山的高度感与视距有一定关系。以山的高度为一个单位，视点与土山的平面距离与之相等则视距比为1∶1，此时给人以局促、压抑的感觉。一般小空间观赏的视距比宜在1∶2～1∶3，大空间观赏的视距约在1∶8～1∶11，视距再远就难以起到主山的突出作用了。从绝对高度而言，古代圆明园的土山最高者亦不超过11m。金代时作为金中都镇山的北海塔山约为30m，作为北京城屏山的景山为43m。

造土山自古至今经历了从以真山为准到以真山为师的两个发展阶段。所谓"起土山以准嵩霍"反映仿真山阶段（嵩、霍为真山）。《汉官典职》载："宫内苑聚土为山，十里九坂。"《后汉书》载东汉时"梁冀园中聚土为山，以象二崤"。二崤是当地当时的两座名山，东崤和西崤。这说明早期的土山处于单纯的仿真阶段，所以土山堆成后连绵十多里。后来逐渐转为偏向写意的概括手法，以小写大。

阚铎在为《园冶》写的《园冶识语》中说："盖画家以笔墨为丘壑，掇山以土石为皴擦。虚实虽殊，理致则一。"中国古代造园由绘事而来是史实，反映了中国园林涵诗、画的特殊性。山水画论中总结了很多山水

图 2-20　自然真山的山
麓石（资料来源：《园衍》）

自然美的规律，值得借鉴。《园冶·掇山》中提道："未山先麓，自然地
势之嶙嶒。"陈从周先生曾提出："屋看顶，山看脚。"这就是内行看
门道，而一般人容易着眼于"山看峰"。山可分为山脚，山腰及山顶三部
分，而"未山先麓"反映了自然造山的规律。山腰以下均为山麓，是山
与平地或水面衔接的部分。平地演变为山麓，总的趋势是由缓转陡（图
2-20）。不要一味追求山的高度和主峰的造型而忽略了山的底盘的面阔、
进深与山的高度之间的比例关系，这一点牵涉到土山的稳定和自然面貌。
清代画家笪重光在《画筌》中所说的"山巅脚远"反映了相同的认识。土
山的底部承受的压力大，则坡度宜小才稳，坡长相对就拉远了。山腰部
分承压较山麓小，坡度就可以相对大一些，山头则更陡无妨。山的坡度在
自然安息角的范围内，也有一定幅度而不是一个定数。显然不宜将全山的
山麓做成同坡度的坡脚，而应随地宜并结合造景需要变通。

　　孟兆祯进而论述了土山单体与组合的主要理法。

　　第一，山脚一般缓起缓升，亦可缓起陡升或陡起缓升。当然，陡起山
脚必以山石为藩篱。山麓亦可做成岫或洞，加以平面凹凸的变化，完全可
以作出多样的山麓以适应各种不同的环境，如延麓接草地、延麓临湖泊、
延麓接另一山麓、延麓临溪涧、延麓临堑、延麓下临溪间栈道等，山麓变
化就丰富了。

　　第二，应注意"左急右缓，莫为两翼"（图2-21），即"山面陡面
斜，莫为两翼"，说的是山坡的陡缓变化要避免像鸟的翅膀那样左右对
称。人从某一视点观山，两边的山坡最好陡缓相间而具有对比。左急则右
缓，右急则左缓，特别是入口处的视点，非左急右缓、层次参差而不能得

图 2-21 "左急右缓，莫为两翼"示意图（资料来源：《园衍》）

图 2-22 "两山交夹，石为牙齿"示意图（资料来源：《园衍》）

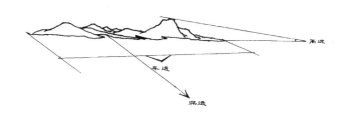

图 2-23 "山有三远"示意图（资料来源：《园衍》）

到自然之真意。与此相关的还有"两山交夹，石为牙齿"（图2-22），意即面对两山交夹的山口，视线基本与山垂直，这时的山景有若剪影效果，因此在山坡上的嶙峋山石构成起伏而富于节奏变化的天际线，在天空为背景的衬托下形成天然图画的剪影效果。在山坡上种植树木花草，也可取到同样的观赏效果。

第三，遵循"山有三远"，"面面观、步步移"的理法（图2-23）。宋代郭熙在《林泉高致》中说："山有三远。自山下而仰山巅，谓之高远；自山前而窥山后，谓之深远；自近山而望远山，谓之平远。"又说："山近看如此，远数里看又如此，远十数里看又如此。每远每异，所谓山形步步移也。山正面如此，侧面又如此，背面又如此，每看每异，所谓山形面面看也。如此，是一山而兼数百山之形状，可得不悉乎？"这些画论讲的是山的空间造型与变化。"高远"相当于山的立面处理（图2-24），"深远"即山的进深与交叠变化，"平远"就是山的面阔与曲折逶迤的变化（图2-25）。一般高远、平远较易得而深远难求。深远反映山的厚度和层次变化，因而非常重要。由外师造化而得两山交叠、子山"拱伏"、虚

图 2-25　假山"三远"之平远——苏州网师园"云冈"假山（资料来源：《园衍》）

图 2-24　假山"三远"之"以近求高"——北京北海公园琼华岛建爬山廊（资料来源：《园衍》）

实并举和树木掩映都是创造深远切实可行之法。高远主要是布置峰峦，山高而尖谓之峰，山高而圆谓之峦，山高而平谓之顶，峰峦起伏相连成岭。峰峦忌等距对称，所谓笔架形，体现古人用以表达盼望当地出文才得吉祥象征，不宜为自然山形之师。

山之三远是结为一体的，在组织山形山势时要加以组合，"一收复一放，山势渐开而势转。一起又一伏，山势欲动而势长"。"山形面面看"，指出面面俱到而不是面面并重，其余的面也因相应的观景视线而逐级布置。"步步移"指游览路线与山体间的视觉关系。山路基本是蜿蜒的，路弯之处即视线转折所在。山景结合双向流动的视线布置，以"步移山异"为追逐的境界。或高或下，或偏或正，或险或夷，或陡或缓，或丘或壑，或树或石，或花或草，寻求富于变化的步移景异效果。

第四是"胸有丘壑，虚实相生"。一般造土山的通病是有丘无壑、多丘少壑、浅丘浅壑或接丘成壑，不仅排水泛漫而下，而且山形僵硬呆滞。所谓"胸有丘壑"指二者相依相生，凸出为坡岗，凹进成谷壑。《园冶·相地·山林地》中说："有高有凹，有曲有深；有峻而悬，有平而坦，自成天然之趣。"这是真实的写照，典型地反映了"有真为假"的依据，用等高线把山的真意概括出来并密切结合现代社会生活功能的需要。以丘壑为山的主要组合单元来设计土山，等高线在平面上的走势既有转弯半径大的大弯，也有中弯、小弯。弯的面向也要有变化，弯间距离不一。弯之大而浅者可延展而环抱山麓以下的地面，如草地或水面等。一般而言，阳面的上山谷壑较平阔，而阴面的土山谷壑则较深邃，具有所谓"半寂半喧""北寂南喧"的空间性格。坡、谷皆可分叉，支垅又可分级。主谷分出次谷、小谷，逐级派分，可二至多分，且呈不对称的分派。两边山高、中间谷宽，明显较山的高度为小，且两山间夹水者称峡。因此，峡是一种相对空间的比例差，而并不是绝对的尺度。长江三峡因山高夹江显得峡窄，但从江中船上观岸上的人却极小。峡是封闭性极强的，可直可曲，常有急弯。山间之谷，如两边山高与谷宽之比值趋小，谷的封闭性相对减少则称峪。两边山高与谷的比值再降低，封闭度也随之降低，则谷衍生为沟。不同的封闭度在光照、湿度和土层厚度、肥力的生态差别形成相互适应的植物群落。

第五为"独立端庄，次相辅弼"，这是《园冶·掇山》中的一句话。山的拟人化还表现在有主次、尊卑的区别，有爷爷、儿子、孙子之分，故最重要的山有人也称作"祖山"。堆山的首要原则是宾主之位必须分明。从高度、体量、形势等各方面都要分明。次山在体量和高度方面略大于主山之半，以下类推。从动势来分析，"主山须是高耸，客山须是奔趋"。客山向主山奔趋，主从之情谊就有所反映出来了（图2-26～图2-28）。

第六是"岗连阜属，脉络贯通"。山依高度大致可划分为峰峦、山冈和土阜三个等级。所谓"岗连阜属"也就是"脉络贯通"的具体化。支脉走向多与山之主脉垂直或成一定夹角，主脉派生支脉，支脉再衍生下一级的支脉，都要有连贯和有所归属。连贯也不是绝对不断，山可断而势必连。自然山也反映一脉既毕，余脉又起的脉络规律。

第七便是"逶迤环抱，幽旷交呈"。人喜欢投入自然山水的怀抱。山之坡岗犹如人的臂膀，可围合成敞开或闭合、半封闭等各种性格的空间。人入山怀，即置人于深谷大壑之中。由此得"幽观"之感受。于山穷水尽之际骤然将如臂膀的坡岗敞开，豁然开朗，则出现柳暗花明又一村的景色。

此外，孟兆祯提道掇山从布局而言，除了与土山共同的理法外，由于可坚壁直立，便可能创造更多的属于石山或山石戴土的特点。宋代郭熙在《林泉高致》中说："山，大物也。其形欲耸拔、欲偃蹇、欲轩豁、欲箕踞、欲盘礴、欲浑厚、欲雄豪、欲精神、欲严重、欲顾盼、欲朝揖。欲上

（a） （b）

图2-26 "主山须是高耸，客山须是奔趋"示意图
（资料来源：《园衍》）

图2-27 自然山水中的"主山高耸，客山奔趋"——安徽黄山
（资料来源：《园衍》）

图2-28 假山艺术中的"主山高耸，客山奔趋"——苏州环秀山庄大假山
（资料来源：《园衍》）

有盖，欲下有乘；欲前有据，欲后有倚。欲下瞰而若临观，欲下游而若指麾。此山之大体也。"以上概括了山体性格的多面性。

同时，孟兆祯指出园林理水与造山具有同等重要的意义，需要对理水之法展开讨论介绍。理水与造山是相辅相成的两个环节。作为水景序列而言，由"源"至"流"大体为：泉、池、瀑、潭、溪、涧、湖、江及海，某处的水景仅是截取其中某一段。水陆交叉的景观有：湄、岸、滩、汀、岛、洲、堤及桥等。水，作为生命的源泉是产生生物及生物生存的主要生态因子。中国从来把治水作为国家大事，涉及生态、水运、农田灌溉和造景等多方面的综合治理。历史上不少名园都是在综合开发水利资源的生产中因水成园的。

孟兆祯认为理水之法首要是《园冶·相地》所强调的"疏源之去由，察水之来历"。世界上的水都是水自然循环的组成，园林中的水是城市水系的一部分。水景又是城市绿地系统规划的重要组成部分。城市水系是随历史的长河而变迁的。北京在建金中都时是金代的水系，建元大都时由郭守敬主持建立了元大都的水系，明清以降也沿用了元大都的水系而屡有调整和修改。到今天实施"南水北调"后，北京的水系又有新的调整。无论单体园林内的水系或城市水系都要"疏源之去由，察水之来历"。后一句话是传承历史水系，前一句话是组织新的水系。乾隆在建"清漪园"时就对相关的历史水系做了相当仔细的调查。从昌平的白浮泉，到沿途流经的地带都作了调查研究。除了查阅考证文献、碑碣外，还认真地测量从泉源到清漪园的水位差。在此基础上成倍地扩展前湖，开辟后溪河，不仅承担了北京城水库的作用，灌溉周围的农田，还通过后溪河将水输送到东面的圆明园。在宏观水系的基础上作清漪园的理水，才取得今日颐和园的综合水利和优美水景的观赏效果。

理水之二为"随曲合方，以水为心"。水的形态外观是水景的基础。大海、湖泊虽难窥其全貌，触目之处亦有水的形态问题。对于城市园林中体量不是很大的水体而言，水的形态景观影响就更大了。水景亦有整型式、自然式之分。"随曲合方"是随自然地形、地貌的地宜和结合人工建筑布置来探索水体的平面和空间造型。水无定形，落地成形。但人有能动性，可以在"人与天调"理念的指导下随遇而安地理水之形。

杭州西湖地质上属于潟湖，即海水退入海后留下的内陆湖。南、西、北面三面环山，形成山中有湖的天然水景。如北山南面的孤山与湖东岸不衔接而形成孤岛断连，于湖之东西交通和游赏都不方便。为水所隔，失其连贯周游之关系。于是，以白堤连接孤山，苏堤沟通南北。这样就出现内湖、外湖及西里湖的水景空间划分。白堤在断处安桥而有"断桥"之胜，苏堤根据西湖水自西而东，以及苏堤以西杨公堤上六桥的水流贯通线，又建了"苏堤春晓"为景区的六桥。为了疏浚西湖沉积的泥沙，防止野草蔓延、堵塞，至明代又将所挖湖泥就近堆成"小瀛洲"。小瀛洲以堤围湖，于湖中作十字堤沟通，从外观岛以成其大，是为湖中主岛，位于西湖西南，苏堤以东，于是形成湖中有岛、岛中有湖的复层水面结体。明代所挖濬之泥还堆为"湖心亭",清代以疏濬之泥堆造"阮公墩",三岛主次分明,呈不等边三角形构图。一篇风景名胜区水的文章由三个朝代分别写就,承前启后,宛若出自一人之大手笔。西湖因此便由朴素自然美的"山中有湖"结体,演进为以人工辅助自然的"山中有湖,长堤纵横,湖中有岛,岛中有湖"的复层山水结体。其形成过程体现了景物因人成胜概的风景艺术创作过程。历史形成的三岛、两堤、一湖的结构,已经成为人们心目中臻于完美的西湖艺术形象。因此,近年疏濬西湖的泥沙就不宜画蛇添足,转而用以建设"太子湾公园"了。

小瀛洲若"田"字形而近方,湖心亭呈不规则块状,阮公墩呈圆形,各有微观形体的变化,而又可组合为"三安"的岛群。"因境成型"是矛盾的普遍性,"随曲合方"为矛盾的特殊性,也是人工顺从自然的要理。

方与圆,乃图形之基本。我国古代有"天圆地方"之说,故取圆形的天坛祭天,挖方形的方泽祭地。圆明园以战国末年哲学家邹衍"大九州说"为依据设计了"九州清晏"景区,小九州以水分隔,外有"裨海"环绕,呈圆形。而其东的"福海"据"相去方丈"之说成型,故福海的造型为方。苏州"网师园"以渔隐为师,故水池取法渔网之形,有纲有目,所谓纲举目张。网之目近方形而纲作为收网之口,其形窄长而多曲。从网师园水池的平面图可以看出这种由意境而决定的水形。如单纯从造型而论,则由此启发我们由方之隅变方为曲,也是随曲合方的一种延伸和变异。

与建筑相衔接的水池或湖面往往先"合方",以后再随地形的曲折变化。以水为心,说明了一般山水的结体是以山环绕水,水在园中的布局位置也多为心部(图2-29),诸如江南私家园林、北京皇家园林不论全园或园中园多是以水为心、构室向心。如利用天然水体,亦有置于园边的先例,如苏州之"沧浪亭"。

理水之三为"水有三远,动静交呈"。水之三远为阔远、深远和迷远。阔远,说明要有聚散的变化统一,所谓"聚则辽阔,散则潆洄"。水之聚散是相对的,是相辅相成的。在符合使用功能的前提下,水的性格宜兼具辽阔与潆洄。仅以北京皇家园林而论,水多以聚为主,散为辅。北海"太液池"与镇山"琼华岛"相组合而成"太液秋风"之壮阔水景,在其东南却以潆洄之水湾相辅。圆明园在沼泽地的基础上将自然水面并联以求其阔,九州清晏、福海和园中园的中心大多布置于以聚为主的水面,但曲折水道联系辽阔水面。颐和园前湖烟波浩渺,堤岛分隔,而后溪河却以长河如绳之势极尽委婉潆洄之能事。

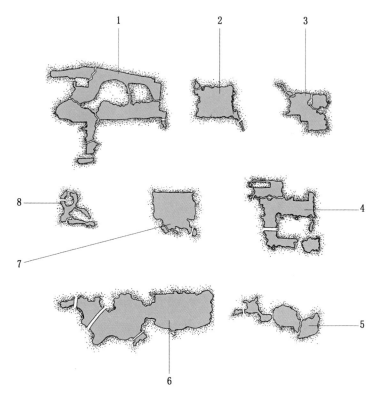

1—拙政园；2—网师园；3—留园；4—狮子林；5—怡园；6—寄畅园；7—艺圃；8—环秀山庄。

图 2-29　部分江南私家园林的水体平面图举例（资料来源：《园衍》）

　　"阔远"关乎聚散，"深远"关乎景深的厚度与层次，"迷远"指水景布置若入迷津，两山或两岸的树木、水草交伏其中，令人莫知水径前景。待循水湾转折迂回才一片明朗，强调明晦的变化，水影、水雾的营造。

　　"动静交呈"指尽可能兼有流动的水景和静止的水景。圆明园、颐和园都以静止的水景为主，但局部也利用地形高差作跌宕的水体，如"谐趣园"的"玉琴峡"和"霁清轩"的"清音峡"（图2-30）等，圆明园亦有瀑布和跌水设计。有"动水"才有高山流水的山水清音，所谓"水乐洞"（图2-31）、"无弦琴"（图2-32）、"八音涧"等都是"动水"造成的效果。

　　理水之四为"深柳疏芦之写照，堤岛洲滩之俨是"。孟兆祯将水景空间划分与组合的主要手段分为"筑堤""布岛""留洲""露滩"。

图 2-30　霁清轩清音峡（资料来源：《园衍》）

图 2-31　水乐洞（资料来源：《园衍》）

图 2-32　无弦琴（资料来源：《园衍》）

他强调要着重观察自然水景的组成单元、组合规律及富于变化的组合形式，追求"宛自天开"之俨是。如带状水体：江、河、溪、涧，其中有纵向划分水体的分水岛屿，其基本形状为朝上游方向的岛头钝，而朝下游方向的岛尾相对尖锐。因为朝上游的方向分水的同时不断受流水冲击，故而钝；下游方向水经分复合，两面的水流交汇，于是岛尾部因水力的作用而呈尖形。

　　就分水带的宽度而言有主次、内外之分。一般主水道居外侧且宽，次水道贴近水湾内侧且窄。岛有块状和带状之别，因地制宜而不以定镜求西施。大面积的块状岛宜在避风处作水港。岛、水之际的曲线有所变化。若需尺度大而又堆土不足，可考虑以岛围水成其阔。带状岛则应避免线条几何化，几何化即人工的痕迹太强。岛的拟人化要体现在视岛为模拟动物，生动形象，可有头、腹、尾的意象。头大、腹收、尾延，平面上做收放、广狭、曲直、深浅之变化，随遇而安，贵在自然（图2-33）。

　　堤有直曲之分，和"道莫便于捷，而妙于迂"有同理，因形就势，

1—大头；2—收腹；3—延尾。

图 2-33　岛的拟人化示意图（资料来源：《园衍》）

当直则伸，宜迂则曲。堤的宽度不宜等同且应有较大对比性。窄者仅容交通之需，宽台可布置亭榭等建筑和山石、树木。最忌"中间一条路，两边两行树"的呆板布置。堤的主要作用是贯通水空间和增添水景层次。堤可以与岛结合布置，承德避暑山庄的"芝径云堤"是一种堤、岛结合的范例。

　　理水不仅与水岸景观紧密联系，而且也与水上建筑息息相关。最后一点理法为《园冶·立基》所说"疏水若为无尽，断处通桥"及《园冶·江湖地》中所提"漏层荫而藏阁，迎先月以登台"。中国传统文化讲究"莫穷"。文学教人写文章要意味深长、反复缠绵，最终也不得一语道破。绘画讲究意到笔不到，笔有限而意无穷。园林理水也追求有不尽之意。桥固然因交通需求架桥跨水，从水景而言要在疏水若为无尽之处，即断处通桥。

　　杭州西湖于孤山断处通桥，是为断桥。湖因有断桥而从南、北将湖划分为内外湖，从而增加了水景的深远和层次。石桥低平缓拱，隔而不挡，理水奏效。扬州瘦西湖中段，由护城河改建的水体东西冗长，以"五亭桥"横隔，则将东、西狭长水面分为两部。桥东有"吹台"相向，"白塔"耸于桥南端，加以后来建的"凫庄"从东南向低平地归附于"五亭桥"。"五亭桥"西又有"廿四桥"的景点呼应。左呼右拥，桥之构图中心的作用昭然若揭，其他支流架桥也多循此理。

　　水边若需建筑，则必向水，以水为心，但求远近明晦之别。近者迎先月以登台，所谓"近水楼台先得月"。杭州西湖之"平湖秋月"典型地体现了"迎先月以登台"的理水之法，而像"望湖楼"那样的"漏层荫而藏阁"的做法就很普遍了。

《林泉高致》中谈水的性情有如下一段文字："水，活物也。其形欲深静、欲柔滑、欲汪洋、欲回环、欲肥腻、欲喷薄、欲激射、欲多泉、欲远流、欲瀑布插天，欲溅扑入地，欲渔钓怡怡，欲草木欣欣；欲下挟烟云而秀媚，欲照溪谷而生辉。此水之活体也"。

（二）园林建筑布制

文人自然山水园的布局，山水尤为重要。孟兆祯将园林山水的布局转译为阴阳或黑白的布局，要点是和谐，并进一步论述了园林建筑布局的构思方法。

中国传统园林建筑主要类型有牌坊、影壁、堂、厅、馆、亭、台、楼、阁、廊、舫、桥、栏杆和花架等。建筑创作之源是环境，世上没有完全脱离环境的建筑。以居住或公共活动为实用功能的建筑也有成景、得景效果出色者，但终究不是作为文化、休息、游览的专用性园林建筑。园林建筑是作为园林组成的主要因素之一而存在的。本身就是园林环境的一部分，与自然环境关系更密切。人无论在风景名胜区、城市园林和大地景观中都必须有占总用地面积一定比例的建筑以避风雨、遮日晒、逗留休息、餐饮或观赏景致等。有关的园林设计法规对建筑占地比例都有明确规定。

在中国古代园林作品中，居住建筑与园林建筑之间互有渗透，这是古代园林中建筑比重大的一项特殊原因。不论宫苑或宅园都有客堂、书斋、戏台、绣楼、花厅等居住生活内容的建筑布置在园林中，因而占地比例较大，这反映出一定的时代特征。如果属于庭园类型的，则建筑比重更大。现代公园、花园则不然，相对而言主要布置造景建筑、服务性和管理性建筑，因而建筑的比重就小多了。除此之外，反映在园林建筑布局方面也有所差别。

结合用地的定位与定性，并结合地宜从环境中创作建筑这一最根本的法则，"景以境出"和"因境成景"都说明同一道理。风景名胜区以自然山水为环境特色，人工建筑要凭依和辅佐自然。城市园林为人工再造自然，就以"虽由人作，宛自天开"为追求的境界。孟兆祯提炼总结出以下应统筹的各方面因素，由表及里地进行园林建筑创作。

首先是地形、地貌环境。《园冶》讲得很概括，"宜亭斯亭，宜榭斯榭"。这说明建筑要与自然环境相协调和适应。乾隆在北京北海琼华岛上的《塔山四面记》上做了专门的论述："室之有高下，犹山之有曲折，水之有波澜。故水无波澜不致清，山无曲折不致灵，室无高下不致情。然室不能自为高下，故因山以构室者，其趣恒佳。"建筑有实用功能和与之相关的性格，山水组合单元也有拟人化的性格。把性格相近的相互组合就有"相投"的效果。比如，接近堂一类的建筑要求成景显赫而得景无余，而山之高处，峰、峦、顶、台、岭也都具有显赫的性格。水则水口、平湖比较开朗。这些山水组合单元就比较适合堂、馆、阁、楼的安置。同样居高的峰、峦、顶、岭又有各自的特色。因此，以山为屏，据峰为堂的模式便跃然而出。承德避暑山庄山区的西南角的西峪，万嶂环列，林木深郁。在这片奥秘的山林中集中地布置了三组建筑。鸶云寺横陈于西向坡地，静含太古山房于谷间孤巘上高岗建檐。与鸶云寺相邻并与静含太古山房东西相望者便是这个建筑组群中最显要的"秀起堂"（图2-34）。其北与"花王庙"呼应，并与四面云山山腰的"远眺亭"相望。秀起堂从西峪中峰处据峰为堂，独立端严，高据不群。环周之层峦翠岫以及据此设置的适地建筑也随之呈朝揖、奔趋之势向秀起堂从顺，秀起堂景观的统率地位便因境而立。

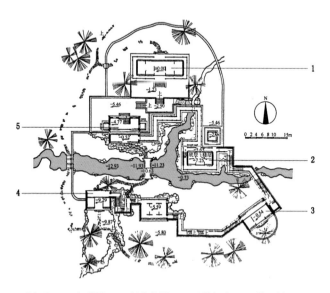

1—秀起堂；2—振藻楼；3—经畬书屋；4—云臅松扉；5—绘云楼。

图2-34 秀起堂平面图（资料来源：《林业史园林史论文集（第二集）》）

此地有秀美出众的山形水势。一条东西相贯的山涧分用地为南北两部分，又一斜走山涧由东北角南下与主涧直交为三岔水口，又分用地北段为东西。乍一看，地形高低参差，零碎难合，似难布置建筑。但"先难而后得"的理念阐明了难与得的辩证关系，因难而得。于此不宜建筑之处，因地宜则出奇制胜。北部山势雄浑，有足够的进深安排上下叠落的建筑。而南部是一有起伏、高差不显、东西向的低丘地。除西面有鹫云峰可作借景以外，山岭纵长而南面无景可借。如何将"Y"形山涧切割的三块山地合凑为一组有章法的整体，发挥峰谷和山涧的天然形胜，化不利为有利，便是该园布局的关键了。

设计成功之处亦在此。建筑化整为零以适应被切割的零碎地形，其单体错落因山形水势之崇卑而分主从。北部山地不仅面积大，且位置居中峰之位，山势雄伟，峰势高耸，坐北朝南，负阴抱阳，最宜坐落主体建筑秀起堂。高台明堂的组合更加突出了"峰"孤峙无依、挺拔高耸的性格，堂为山峰增添了突兀之势。南部带状低丘便自然处于宾客之位，成拱卫环抱之势趋向主山，构成两山夹涧，阜下承上的山水间架。北部之东段成为由客山过渡到主山、依偎主山的配景山。建筑依附于山水，其布置亦循画理，顺应山水的性格安置建筑。整个建筑群并无中轴对称的关系，而是以山水为依托，因高就低地经营位置。

景观中除峰以外，坡、台、顶都属于旷观的地形。泰山上的"瞻兽台"、峨眉山金顶上的寺庙、峨眉山的清音阁（图2-35、图2-36）、四川

图2-35　峨眉山清音阁（资料来源：《园衍》）

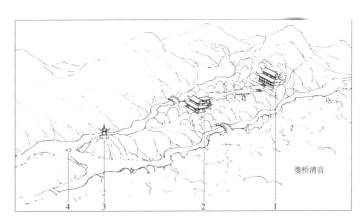

1—清音阁；2—双飞亭；3—牛心亭；4—牛心石。

图2-36　峨眉山双桥清音（资料来源：《园衍》）

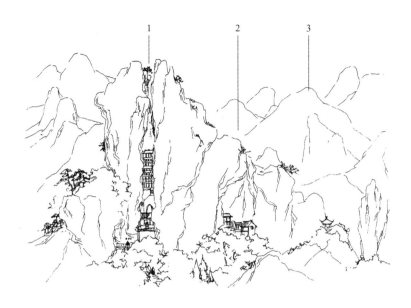

1—合掌峰观音洞；2—北斗洞；3—雁荡山群峰。

图 2-37　浙江雁荡山合掌峰（资料来源：《园衍》）

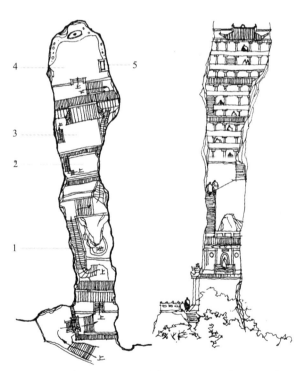

1—池；2—平台（四层）；3—平台（七层）；4—大殿；5—洗心池。

图 2-38　浙江雁荡山合掌峰观音庙平、立面实测（资料来源：《园衍》）

省内的石印山，镇江金山寺、北京北海琼华岛上的白塔、颐和园的佛香阁与智慧海、上海豫园的望江亭、成都都江堰的宝瓶口、苏州拙政园雪香云蔚亭、绣绮亭和宜两亭都是同一类地形结合的创作。虽然尺度差别很大，建筑类型多样，但就旷观地形地势而言是属同一理致。

另一类山水组合单元诸如谷、壑、坞、洞、岩、峡、涧、岫等则属于幽观的地形，比较深藏的寺庙、书院、书斋、别馆则与之性格相近。

浙江雁荡山有一合掌峰，实为一竖长山洞有如合掌之势（图2-37）。创作者竟在坡洞中建了一个观音寺（图2-38）。洞中有裂隙水，汇于洞门内一侧成池。山道傍池而上。洞内面阔不过数米，而进深较大，递层而起。寺庙建筑因台地错落布置，时左时右，形体玲珑。上至洞顶，山泉汇为小潭，名曰"洗心"。一峰中竟能建成有高下错落变化的精巧观音寺，令人叹服。

孟兆祯指出，山水相映的自然环境是园林建筑依托的最佳环境。就山水间架而言，要判断以山佐水还是以水辅山，水是团块状，还是长河如绳的水形，还是分散的游览。作为风景名胜区，杭州西湖是块状的，山水尺度和比例是得天独厚，但并不是完美无缺的。孤山东、西未与陆地相衔，西湖南北向交通要绕行，湖面大而空，缺乏堤岛的分隔与点缀。结合疏浚葑泥，就地兴建横亘东西的白堤和纵走南北的苏堤，先后堆了小瀛洲、湖心亭和阮公墩。构成山中有湖、长堤纵横、湖分里外、三岛散点、湖中有岛、岛中有湖的复层自然山水的格局。建筑便沿湖边、堤上、孤山上下、岛上顺应地宜布置。小瀛洲水面呈不规则"田"字形布置。建筑布局成为曲尺形贯穿式。南起码头，贯穿中心而在洲北以"心心相印"为终端节点与三潭印月衔接。每座单体建筑都循"宜亭斯亭，宜榭斯榭"的埋法定位和选型。

《园冶》谓"亭者停也"有深刻的含义。风景，非到得景丰富、引人入胜之处是没有驻足、停留和欣赏的心情。而此处亦有成景之需，那就需要安亭了。亭亦多式，平面和立面都有各种变化，针对亭的形式该如何选择的问题，孟兆祯指出唯有"因境定形"，着重列举各地知名亭景加以分析。

平面呈三角形的亭，基本是一面作为进口而两面观景。杭州西湖小瀛洲，过了"九狮峰"后，石作平桥作直角曲尺形向北伸展。于拐角处安置一个三角形的"开网亭"就非常得体。占据直角之一隅，与折桥平顺相衔，一面进亭，两面观景，网开两面，捕捉山水画面。

图 2-39 峨眉山"梳妆台"(资料来源:《园衍》)

图 2-40 峨眉山"梳妆台"平面图(资料来源:《园衍》)

　　无锡"春申涧",峨眉山"梳妆台"(图2-39、图2-40)都以三角亭与蹬道正接或侧接,正接时路成直角转折,另两面正好观山谷上下之景。

　　峨眉山道旁有一座三角亭与路平行相连,亭内铺地因落实在地面上的部分为大块卵石,而三角顶尖悬出的部分为木板铺架,匠心别出于因地制宜。由此可知,置三角亭于庭院中央孤立无依,或置于雄奇挺拔的天然石峰山顶都未与地宜吻合。从四方形、六方形、八方形到圆亭都与借景的界面、所处地形以及园路布局有关。虽不说得景要面面俱到,也要得之八九方可定型。承德避暑山庄小金山"上帝阁"是正六方形阁。阁之六面,随楼层高下,均可得理想的风景画面。其所宗之镇江金山寺慈寿塔也是面面有景。庐山小巏傲立可环周俯瞰鄱阳湖景,故"望鄱亭"设计成圆亭。

　　中国传统有天圆地方的哲理,而以象天地选型则另当别论。亭平面的几何形,还有正、扁和曲折之分,都根据立意和地宜而随之应变。北京北海塔山北面中轴线上坐落了一座扇面亭"延南熏",立意出自《南风歌》。相传虞舜弹五弦琴唱此歌:"南风之薰兮,可以解吾民之愠兮;南风之时兮,可以阜吾民之财兮",表达了君王祝愿人民消除病痛和生财有道的祝愿。乾隆意欲延展这种君爱民的传统而建此亭。借风与扇的因果关系而选定扇面为平面的亭型。扇骨朝前作铺地图形,以扇骨端重合点为圆心,得出扇面殿,亭的漏窗和几案皆取扇形。

　　苏州拙政园"雪香云蔚亭"所坐落之土山,长于东西而短于南北,亭

图 2-41　马鞍山仙女山麓，其间安一亭（资料来源：《园衍》）

与山形走势相当，故取长方形。而其东南之"梧竹幽居亭"，坐池东，向池西，西望"别有洞天"，景深层次都称佳境，居相对宽绰之地而成正方亭，外廊内墙，亭墙四面开正圆地穴，景物环环相套，蔚为大观。而居远香堂西北"荷风四面亭"，借土堤成三岔形而居中成六角亭。

　　同一种亭子的平面形式，在不同地貌条件下产生各种因地制宜的变化。南通马鞍山的仙女山麓，石岩悬空，石矶探水，其间安一亭。亭之屋盖与上面的石岩嵌合相衔一体，凿石阶下通石矶，石亭坐落石台上，将上方的悬岩、下面的石矶连成一个整体（图2-41）。

　　孟兆祯经常提到，在通往成都都江堰二王庙的乡村山道转角处，傍岩临溪，为了方便游人歇脚休息和坐观静赏而建了一个重檐的矩形亭。亭在景观上成了连山接水的媒介。考虑到路亭有过境穿过的交通需要，亭与山岩间又架廊。廊之一头插入山石内，整合一体。路亭素木黛瓦，不雕不画，却显得相地合宜，构亭得体，木构有章，山乡气息甚浓（图2-42）。

　　桂林月牙山有大岩洞一所，外有一小石孤峦独峙于谷中，借洞建楼，枕峦头安亭。亭为重屋，白洞口有悬桥搭连于亭之楼层。广寒为月宫仙境，经这样随洞就峦的布置，不同凡响，真有些仙意（图2-43）。

　　北京北海公园静心斋之枕峦亭主要为了提升视高以借外景。小六方亭建于假山之石峦上，虽是下洞上亭的结构，但实际上柱础都落在实处，洞道包在亭外潜过。石门半开的石扇承接部分压力而自然成景。引

图 2-42　成都都江堰二王庙重檐矩形亭（资料来源：《园衍》）

图 2-43　桂林月牙山借大岩洞建楼，枕峦头安亭（资料来源：《园衍》）

上亭子的石踏跺参差错落，较之人工石级朴野得多。而避暑山庄烟雨楼假山上之翼亭却真是上亭下洞的结构，亭与洞平面重合，亭柱落在洞壁或洞石柱上。

（三）植物种植设计

孟兆祯将总体布局中植物种植主要解决的内容分为树种规划、种植类型的分布、乔木、灌木、花草以及常绿树种和落叶树种的比例，季相特色等，这些内容在千分之一到五千分之一的总平面图上只能概括地表现。他指出，植物是营造园林的主要因素，其布局主要随地形设计创造出来的环境，因地制宜来构思和安排。树种规划已经体现了植物分布的地带性，有用"乡土植物"称呼的，孟兆祯同意朱有玠先生的观点，应该提"地带性植物"。因为植物分布的规律与城乡概念无关，而与地带性气候息息相关。地带性气候虽然也随时间推移而变化，但这种时间是极漫长的。同一地带又因山地、平原、干湿等气候条件相应地分布着与该环境适应的植物群落。自然界植物分布是我们人工种植植物的良师，根据用地中不同地段特殊的小气候生态条件来选择与地宜相适应的植物。

植物的功能作用很多，孟兆祯认为不论从生态或景观的角度讲，植物种植都应以乔木为骨架来组织乔、灌、草、花的人工植物群落。园林的小气候与大地的大气候还有所差别，不可能将自然界的植物群落原封不动地搬进园林，而是以地带性植物群落分布为主要依据进行人工植物群落种植。地带各有其气候的优势，也客观地存在不良的气象因素。我国北方干燥而寒冷，江南湿润而炎热，华南闷热，四川盆地多雾等，要因害设防和因境造景。为了缓解高温、干燥、日晒、大风、扬尘、噪声而各有相应的植物与之适应。有的放矢，方能奏效。关于生态和景观则是不可分割的整体。孟兆祯强调，生态环境是人类生存的生理基础而景观是观赏和游览的物质和精神文化的基础。华南地带棕榈科的一些乔木是很能体现亚热带风光的。椰树很美，但椰树少荫也是客观的。海边种椰成林很好，而在日晒强烈之地如海口、三亚广泛用作行道树是不合适的。防晒降温一定要树冠高大、枝叶密生、层厚荫浓的乔木。露地防风选深根性并有一定透风能力的树种，屋顶花园则选重心低的树木。减尘选叶面积系数大、叶面可滞留尘埃的树种。减噪选枝叶浓密、有刺带毛、叶表面粗糙的树种，这样可以让声音由于摩擦而逐渐消失。有污染的地方要选用相应的抗性树种。

就种植类型而言，有孤植、对植、树丛、树群、树林、草地、缀花草地、花草甸、花台、花池、花境、花坛、攀缘植物种植等。树林又分纯林、混交林、密林、疏林、疏林草地等。纯林虽单纯却因纯而气魄胜人，宜选寿命长、适应性强、少病虫害的树种。我国华北平原自古至今有自然的侧柏林分布，故北京的五坛八庙多有侧柏纯林种植，至今有800年以上的树龄，仍然生长健壮。有些树种如国槐，虽然树龄也有数百年，然老态龙钟，空心枯枝，呈现一种败落的景象。松也有天然纯林，一旦病虫害暴发，很难控制，故宜有所混交。如华北地带的松栎混交和江南地带的马尾松与毛竹混交等。树林宜乔灌木、花草复层混交，无论从生物多样性，植物群落生态链或景观优美而言都是上乘。上木、中木、下木，林缘花灌木、地被浑然一体。从湿度、温度、光照和相生各方面均争取各得其所。对于强调光照、通风的用地就不宜笼统地提绿量越大越好、绿视率越大越好。这对总体而言的要求并不适宜每个局部。树群和树丛可以同种，也可以混合。孟兆祯十分强调自然式种植的重要性。即使同一树种也要以不同树龄，不同形态来搭配。否则做不出相向、相背、俯仰、呼应、顾盼、挺立、斜伸、低垂、匍匐之情。"自然的人化"很讲究这些诗情画意的传统，植物种植不单纯是物质的自然体，人要赋予它们情态以表达美好的意境。

再则，孟兆祯重视从我国古代园林的植物种植中探寻规律。中国古代园林，特别是中小型的宅园或皇家园林院景广泛地应用点植，往往采用谐音的吉利种植。古人喻植物为人的毛发。中国历史上有专类园的做法，物以类聚，集中则表现强烈。中国更讲究植物的人化，《广群芳谱》集中了我国数千年的人文资源，花皆有意、有韵，这是必须继承和发展的。

七、理微借机

理微是指细部处理，孟兆祯坦言园林设计创作不仅要把握宏观，更要关注微观。园林艺术要宏观、微观并重，如果没有优美的微观景物供人细品，便无孤立的精彩宏观布局可言。李渔在《闲情偶寄·山石第五》中谈及观画的方法时论述了假山宏观景观的重要性："名流墨迹，悬在中堂。隔寻丈而观之，不知何者为山，何者为水，何处是台榭树木。即字之笔画，杳不能辨。而只览全幅规模，便令人称许。何也？气魄胜人，而全体章法之不谬也。"这是指远观，反之，近取可欣赏构图之精巧、笔法之刚柔缓疾。此外，墨色之浓淡枯润、飞白、屋漏痕也都生动地渲染出画题的诗意，那才算是上品之作。

人说"兵不厌诈"，孟兆祯说"景不厌精"。他提出"远观势，近看质"，但不论土作、石作、瓦作、木作的细部皆从因借产生，所谓"栏杆信画，因境而成"。古代园林尤其是古代私家园林，由于财力有限，占地面积和规模也随之有限，因此对园林有"日涉成趣"的要求。就这么一座私园，每天要人游而且每游每得其趣。这就要求有些景要精微布置，耐人寻味。这些理微之景可以是建筑的细部，也可以是独立的小品，建筑室内外装修诸如石雕（图2-44）、砖雕（图2-45）、木雕（图2-46）、贝雕等。鹅颈栏杆用于水禽池合宜，而置于旱地或沙地就不见得合宜。再以门窗中的地穴（空门）而论，券门式、八角式、长八方式、执圭式、葫芦式、如意式、贝叶式、剑环式、汉瓶式、片月式、八方式、六方式、菱花式、如意式、梅花式、葵花式、海棠式等都是《园冶》中列出之古式，在此基础上还可以创新发展，什么环境来用有因果关系之形，是指协调统一。比如茶室可以做茶壶式、盖杯式；饮茶可清心，与清心有关的物象都

图 2-44　苏州留园"还我读书处"垂带石雕（资料来源：《园衍》）

图 2-45　苏州网师园砖雕（资料来源：《园衍》）

图 2-46　木雕（资料来源：《园衍》）

图 2-47　广州陈家祠堂石鼓（资料来源：《园衍》）

图 2-48　广州陈家祠堂屋盖（资料来源：《园衍》）

可以用，如扇式、如意式、月洞式等。还可细到砖雕、木雕、图案玻璃，但都要从借景生创意，从意出形。

孟兆祯提道："现存广州的陈家祠堂就是一座理微的宝库，屋脊和砖墙的砖雕展示出好多历史故事。砖雕多为深刻的浮雕，立体感很强，一般构图都比较完整，每一幅画面都是一个故事。建筑台阶的垂带一般很少见有细部装饰，而陈家祠堂大门的台阶垂带就做得十分精细，简繁合度，装饰性很强，大门石鼓，大而精细（图2-47）。院内石栏、木栏，室内木雕落地罩等耐人欣赏（图2-48）。

八、封定借衡

书法家和画家老了要"封笔"，演员老了告别演出要"封台"。这反映艺术家们为保证艺术的质量而采取的相应措施。孟兆祯以为园林亦然，创作之始，不断完善，甚至可能有较大变更，但终有定局之时，不能无尽止地变动，要稳定下来成代表作。杭州西湖的建设经历了唐、宋、元、明、清至今，二堤三岛的布局已确定下来（图2-49）。所以新中国成立后疏浚西湖之泥土不再画蛇添足，而在西湖南面以"吹泥"塑造了太子湾公园的地形（图2-50），这是正确的。特别是名作，苏州拙政园明清之交才堆土山划分水面，但布局既定也就稳定下来。

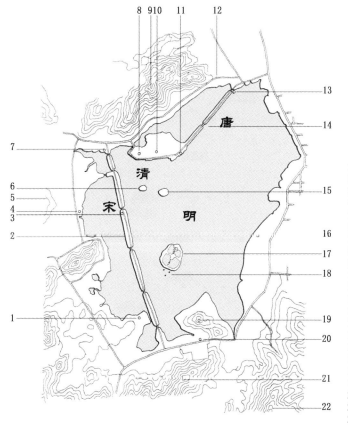

1—花港观鱼；
2—苏堤；
3—苏堤春晓；
4—郭庄；
5—双峰插云；
6—阮公墩；
7—曲院风荷；
8—西泠印社；
9—葛岭；
10—文澜阁；
11—平湖秋月；
12—保俶塔；
13—断桥残雪；
14—白堤；
15—湖心亭；
16—柳浪闻莺；
17—小瀛洲；
18—三潭印月；
19—雷峰夕照；
20—南屏晚钟；
21—南屏山；
22—凤凰山。

图2-49　杭州西湖平面图（资料来源：《园衍》）

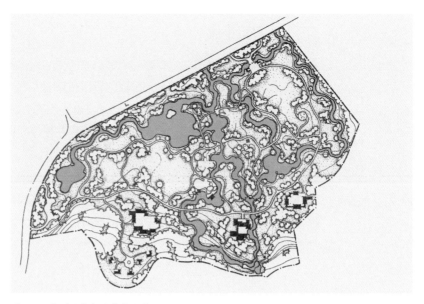

图 2-50　杭州西湖太子湾平面图（资料来源：《园衍》）

九、置石掇山

经多年假山研究的积淀，孟兆祯对假山置石有独到的见解。他指出，古代造园有"无园不石"一说，这是中国自然山水园最为突出的特色和造园手法。在著作《园衍》中，孟兆祯单列篇章辨析了置石掇山的词义概念、功能作用、沿革等方面的内容，结合实际案例分别对园林中的置石与掇山展开探讨。

（一）词义与概念

中国园林有一种肇发最早、独一无二的园林因素和造园技艺，这就是置石与掇山。它的产生与发展只能用"人杰地灵"和"天人合一"之文化总纲解析。古代造园有"无园不石"之说。何也？自有中华民族文化之根基。园林用石并非单纯出于物质材料之需。中国古人认为"天地有大德而不言"。从拙政园"卷云山房"楹联可见一斑，联曰"花如解笑还多事，石不能言最可人"。古人之爱石，不以石为物，而是人"与石为伍"。

零散布置而不具备山形的造景称为置石，而将集中布置且造出山形的称为假山。"假"这个字眼一般是贬义的，特别是在外国人心目中更是如此。而中国文化以大自然为真，以一切人造的事物为假。园林从这方面含义来讲就是"有真为假，做假成真"，这也是置石和掇山的至理。建造假山通称造山，包括土山、土山戴石、石山戴土、剔山和掇山。计成口音是吴音，故在《园冶》中称掇山，即掇石成山之意。掇山代表中国假山的主要类型。真山受水冲刷和风蚀等影响，它的发展在成岩以后是"化整为零"的过程，从碎岩到卵石直至成砂。而假山是以真石为材料，按照自然成岩的规律"集零为整"，掇山就是掇合山石成山。

（二）功能与作用

为何有"无园不石"之说？因为客观上，石材可作为自然材料使用，具有一定实用功能，特别是在发挥实用功能的同时还具有造景的功能。因此，置石与掇山是中国园林使用广泛、运用最灵活、外貌自然而内涵丰富的具象造园手法之一，使中国自然山水园频添游兴而又耐人寻味。就艺术而言，它秉承了田园诗、山水诗、山水画的文脉，从平面发展到空间，从第二信号系统发展为身历的景观环境。同时从技艺方面则吸取了建筑石作、泥瓦作等工程技术，逐步形成独特、优秀的中国假山技艺。历代假山哲匠为我们积淀了极丰富的经验。

置石和假山具有多方面综合作用。首先，可作为园林的主景和山水骨架。《园冶》所提"峰虚五老"以及苏州的五峰园就是说以置石为主景。北京北海公园的静心斋、香山的见心斋、苏州的环秀山庄、上海的豫园（图2-51）、南京的瞻园、杭州的文澜阁（图2-52）、广州的风云际会等都是以假山为主景的园林。而北京的圆明园、苏州的拙政园等都是以假山

图 2-51　上海豫园（资料来源：《园衍》）　　图 2-52　杭州文澜阁（资料来源：《园衍》）

图 2-53　置石踏跺（留园）（资料来源：《园衍》）　　　图 2-54　置石角隅（小莲庄）（资料来源：《园衍》）

为地形骨架，作为组织空间和分隔空间的手段。苏州拙政园入腰门后以黄石假山为对景和障景并借以塑造以翻山、穿洞、傍岩等不同景观的游览路线，发挥了"日涉成趣"和"涉门成趣"的艺术效果。

置石中的特置、散点等山石小品可以用以点缀庭院、廊间、漏窗、踏跺（图2-53）、墙角（图2-54）、池岸、水边、草际等。这些置石具有"因简易从，尤特致意"的特色，甚至可达到"片山多致，寸石生情"的高境界。

除此以外，叠山石可作护坡、驳岸、飞梁、汀石、花池、花台，也可与室外器设结合做成石屏、石榻、石桌、石凳、石栏等。假山的造景功能可与实用功能融为一体，与水体、建筑、园路、场地、小品以及植物组合成千变万化的综合景观，使人工建筑自然化，使建筑通过山石过渡到植物，以素"药"艳，化平板呆滞为生动、雅致生奇。

（三）假山沿革简要

孔子"为山九仞，功亏一篑"之喻，说明古代筑山始于水利之疏浚而将挖土堆积成山，逐渐从与生产斗争的土发展为园林造景的山。明代绘《阿房宫图》可见湖石假山，《汉宫典职》载："宫内苑聚土为山，十里九坂。"《后汉书》载："梁冀园中聚土为山，以象二崤。"说明先出现筑土山而后出现掇石山，造山之始以真山为准绳，悉意模仿，体量一般都很大。由于古人是诗人、画家、造园家集于一身，加以唐宋山水画发展，出现"竖画三寸当千仞之高，横墨数尺体百里之回"的画论，使假山从模仿逐渐提高到总体概括、提炼和局部夸张的阶段。

最早记载石山的是东汉的《西京杂记》："袁广汉于北邙山下构石为山。"《魏书·卷九十三·茹皓传》载："北魏茹皓采北邙山及南山佳石，为山于天渊池西。"在园林山石上镌刻文字题咏则始于唐代宰相李德裕。至北宋，假山造极，宋徽宗命朱勔以"花石纲"为运石船旗号，把江南奇石异花运至汴梁，兴造寿山艮岳，成为历史上规模最大、运距最远、石品最高和掇山最精的假山。《癸辛杂识》载："前世叠石为山，未见显著者。至宣和艮岳始兴大役。连舻辇致，不遗余力。其大峰特秀者，不特封侯，或赐金带，且各图为谱。"宋代以后"花园子""山子"等从事掇山技艺的哲匠和技工迭出。从私人宅园到皇家御园无不尚艮岳之风，只是规模不同。吴兴叶少蕴之石林负盛名，园居半山之田，万石环之，但并不采石，而是因山石之势剔出石景。明代后用石更广泛。扬州因园胜，园因石胜。稍后则苏州私园大兴，假山名园辈出。其中以清代戈裕良所掇"环秀山庄"最为精巧，是为湖石假山现存之顶峰。戈裕良还建造了常熟燕园，除湖石假山外，尚有黄石假山的大块文章。近世假山循时代而发展。南京明代瞻园由刘敦桢设计、王其峰施工增加了南假山，延展了北假山。杭州玉泉和花港观鱼都有现代的新作品，北京奥林匹克森林公园也兴造了假山作品（图2-55）。

（四）置石

置石是独立而特殊布置的山石。江南将竖峰的特置称"立峰"或"峰石"，但特置未必都竖立，宜蹲则蹲，宜卧则卧。因石观赏特性而定，未可拘牵，故以特置名置之较妥切。自然界因风化或熔融可形成奇峰异石

图 2-55　北京奥林匹克森林公园"林泉奥梦"假山
（资料来源：《园衍》）

图 2-56　嘉兴小烟雨楼的"舞蛟"
（资料来源：《园衍》）

图 2-57　颐和园的"青芝岫"（资料来源：《园衍》）

的天然石景，诸如借以为避暑山庄构景焦点的"磬锤峰"、绍兴柯岩"天人合一"的"云骨"、泉州的风动石、黄山的飞来石、广东西樵山的蘑菇石等。自然界的奇峰异石是特置山石布置之本，是依据、是源泉，往往从自然界寻觅合宜的山石作为特置山石的材料。选石的主要标准是奇特不凡，如与一般山石混用会埋没其天资，唯以特置的布置方式才能充分发挥其秀拔出众的素质。诸如艮岳之"神运敷庆万寿峰"、苏州留园的"冠云峰"、上海豫园的"玉玲珑"、杭州的"皱云峰"、嘉兴小烟雨楼的"舞蛟"（图2-56）、南京原置瞻园的"童子拜观音"、广州的"大鹏展翅"和"猛虎回头"等。

　　特置多用于入口的对景和障景。如颐和园仁寿殿前竖峰和乐寿堂卧用的"青芝岫"（图2-57），直至最小的自然山水园——苏州残粒园的入口都以特置石作为对景和障景。山石正面对内，背面靠山面向外，内外同时起对景和障景作用。

　　特置一般用单块山石，也有一主石旁衬小石者。石虽一两块，布置却并不简单。首先是相地选石，因地之性质、周边环境、主体景物景观特性、特置山石的框景和背景、置石空间的尺度和视点关系等因素综合构思立意。如颐和园仁寿殿前和乐寿堂前一竖一卧的两卷特置，都是将明代米万钟所遗留之石搬运到清漪园作特置山石造景。先有石而后有地，这便要因石来综合考虑空间关系。仁寿殿为离宫正殿，既恢宏庄重而又有离宫别苑山林、花木、山石等自然环境的烘托，而特置山石处于环境烘托中的领衔地位，成为仁寿殿前庭的构图中心。欲到仁寿殿，先与此石见。因是正殿所在，山石宜立而不宜蹲或卧。此石原有"寿"意，宜仁寿殿前，且竖立巨石有"森笋朝天"的吉祥意境。此石形体高大气质雄浑，唯有一边稍平，故配以小石为补。它的框景就是仁寿门。在仁寿门门框中，石之实体占几成，留的空白背景占几成是难掌握的火候。实体太少不足以成障景控制局面，太大则会有堵塞、臃肿之感，大致实虚之面积比在三七与四六之间，背景便是仁寿殿下的阴暗部分。因是东向，寿星石除早上迎光而亮外，多数时间是反射光照而并不极亮。鉴于原峰石高度不能适应正殿庭院宽敞、宏大的要求，故以须弥石座将特置山石抬高到尽可能理想的高度。须弥座与石栏的尺度则因石而成小尺度。乐寿堂为晏寝之所，不在前宫而在后苑，要求安详、宁静、亲切的气氛，因而选了一卷宜卧置的房山石。这是米氏倾家荡产欲载而归却未能如愿以偿者，因而有"败家石"之称。乾隆从半途运来清漪园，自水路入园，"水木自亲"码头上岸，入乐寿堂院庭作为天然石屏障，有若影壁而自成障景和对景。

散置，所谓"攒三聚五"的散点山石。据张蔚庭先生介绍，散点有大散点与小散点之分，小散点以单独山石为组合单元，大散点则以多石掇合为单元。如北京北海琼华岛南山西侧的房山石大散点，于山麓坡急处置山石阻挡和分散地面径流以减少水土冲刷，形象则结合山势、登山道。

散置山石布置的要点在于聚散有致、主次分明和顾盼生情。聚散有致指有聚有散。散置并非均匀，要聚散相辅、疏密相间，而且疏密的尺度和比例都要合宜，构成不对称的均衡构图。主次分明指宾主之体和宾主之位，乃至高低大小都要体现明确的宾主关系。既不能不分宾主也不要有宾主而欠分明。顾盼生情即石的人化或生物化，赋予非生物的山石以生物之情，主要以山石的象形、寄情、遐想和镌刻题咏等手法奏效。所谓"片山有致，寸石生情"是可以体现的。杭州栖霞洞前有二石，一大一小，一前一后，大者象形，镌刻"象象"。再观小石也像象，这才悟出"象"可作动词也可作名词之妙，创作者之匠心主要取决于景点环境的定性。如苏州怡园琴室，是聆听琴音的所在，其散置之石就有若《听琴图》的画意一样，一人抚琴居中，二知音分坐任旁，或俯身恭听、或袖手闭目，这才体现入神怡园琴室旁二石立站，宛然俯首聆听（图2-58）。这便是"景"以"境"出，景从境生的道理。与琴室南相邻的"拜石轩"院子里也有散置山石，以崇拜自然山石之心赏石之环境。主石峰居左而受崇，右有两石也有若母子相依，顾盼生情，有母鸡维护小鸡，小鸡回首盼母，这就自然生

图 2-58　苏州怡园听琴石　　图 2-59　苏州怡园置石（资料来源：《园衍》）
（边谦 供图）

情了（图2-59）。

　　与建筑结合的山石布置，建筑的人工气息强，借山石与建筑结合布置可以减少建筑过于严整、平滞和呆板的形象，增添自然美的情趣以为调剂，此乃朱启钤先生《重刊园冶序》中"盖以人为之美入天然故能奇，以清幽之趣药浓丽"之谓也。

　　中国传统建筑有台，上台明有石阶，以山石代石阶则称为"涩浪"（图2-60、图2-61）。石阶有垂带踏跺和如意踏跺之别，都可以用自然山石来做。山石垂带踏跺不做垂带，而以山石蹲配相应地布置在台阶两旁。主石称"蹲"，客石称"配"（图2-62）。孟兆祯曾请教于张蔚庭先生，他说此举是和布置石狮、石鼓一样具有避邪、趋安的意思。

　　山石蹬道作为室外楼梯可让使用和观赏两全，既省室内面积又可结合自然景致，可称云梯。云梯一般有两种类型，独立山石楼梯和倚墙而建的山石楼梯。孟兆祯以为苏州留园明瑟楼的山石楼梯堪称精品（图2-63）。它位于"涵碧山房"东邻相接的小楼，楼下是小三间，以柱、鹅颈靠和挂落组成东、南、北三面空透的园林建筑框景，楼上称明瑟楼。这一山石楼梯口有特置竖峰，因近而有插云之视觉，上镌"一梯云"，一语双关。可理解为一梯助凭，高攀到背景为云的明瑟楼；也可以"梯"为定语而形容山石，因山石在山水画中称为"云根"。实际上梯与峰石都不因尺度高，而是在视距小于1∶1的环境中因近求高的视觉效果，将此视觉效果诗化、升华成意境，便通过"一梯云"引入。人靠石阶攀楼，但就景观而言最好大面积石级有所隙藏。孟兆祯想中国人在仪容方面讲究"笑不露齿"，与

图 2-60 故宫乾隆花园的
"涩浪"（资料来源：《园衍》）

图 2-61 中南海"怀
抱爽"的"涩浪"（资
料来源：《园衍》）

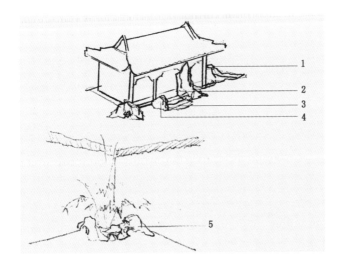

1—抱角；2—蹲；3—涩浪；
4—配；5—嵌隅。

图 2-62 置石手绘（资料来源：
《园衍》）

图 2-63　留园明瑟楼的山石云梯（资料来源：《园冶》）

中国文学强调"缠绵"和"最后也不得一语道破"有深层的文化关系。因此一梯云可分解为四部分。第一部分梯口若谷口，两三石级便登上一块面积大的山石云梯休息板，通过休息板才向西转折而上。梯口作为地标的一梯云还与花台结合，逶迤而下与地面相接，花台中一木伸枝散绿，因此梯口给人印象很深。体量与环境相称，这种微观"火候"是最难掌握的，体量小不足以成气候，而过大又令空间追促、堵塞，一梯云精在恰到好处。第二部分是石级提升的主要部分，直到自西而北转。而这部分石级都被顶际线自然起伏的自然山石栏杆所遮掩。第三部分是横空的小天桥，因其小而并不显，只是维持山石楼梯不要过于贴近建筑，维持合宜的空间距离。第四部分相当于楼梯间即石梯的底部，一梯云利用这部分空间为岫、为洞，更显突出。这样无论从楼下北面经过或坐于楼下南望均可从以柱和挂落为框景的画框中解读一梯云的横幅画卷。石梯化为峭壁山，以壁为纸，以石为绘也。

　　园林室内外有山石家具之设，诸如石榻、石桌、石几、石凳等。山石几案之生命力在于既可实用又具自然之面貌。无锡现在还很完整地保存了唐代的"听松石床"（图2-64），传为唐代文字学家、将作监李阳冰之石榻，在银杏浓荫下之正六边攒尖亭内。石榻长约2m，宽不足1m，灰褐色，床脚一端有李阳冰篆书"听松"的石刻。枕、床基于一石，而且枕还适当上翘成凹形，正好容肩。令人放松和衣而卧的完整石床，居然一石天成，可见相石者的高水平。实际上这是一卷醒酒石。古代文人骚客常行"诗酒联欢"之乐，酩酊大醉以后，全身自内发热，这就有醉卧石床，以石散热的需要。石床相对是比较冷凉的，因置于松荫之下，清风习习，催

图 2-64　听松石床
（资料来源：《园衍》）

人入梦。不知到了什么时辰，一阵风把松果刮下来落在石床上敲击响声催醒醉卧者，这才有所惊醒，酒性也逐渐下去了。这可以说是天籁唤醒的。

我国人民尊称牡丹为"国色天香"，牡丹要求排水良好，而江南水乡地下水位多偏高，加以牡丹植株不高，人要蹲下才得尽赏，以山石花台提高种植土面高程以后可综合解决这两个问题。花台相对地降低了地下水位，提供地下排水良好的土壤条件，又将花台提高到合适的观赏高度。在地下水位低的北方则以花池的形式使培养土面降低而汇集天然降水。再者，中国园林都是由庭院组成，而山石花台间即成游览道路，用以分割庭院最为相宜。因此在江南私家园林中，山石花台是运用极其普遍的一种形式，可以充分发挥置石与假山在造景方面的灵活性和处理疑难的妙处。山石平面无定形，是"阿米巴变形虫"的变形，可随造园需要做因地制宜的变化，与建筑之台、柱、墙、门、地穴、台阶等无所不能结合，而且做好了能天衣无缝、妙趣横生。

山石花台组成群组，有整体布局的问题，犹如在方寸石上作篆刻，或说与纸上"因白守黑"的书法同理。如篆刻布局之"宽可走马，密不容针"，细部笔戳之"占边把角"，书法之布局有章、虚实相生等都是必须借鉴学习的瑰宝。花台整体由单体组成，要求彼此和谐相衔，既顺当，又巧妙。花台边缘自然的形象要落实到宽窄不一、曲率和弯径富于变化，正反曲线相辅、兼有大小弯等。要"外师造化"，可自然界似乎没有花台，但却有因岩石溶蚀或风化造成岩石崩裂、滚落、合围，再由地面水中的冲刷土沉积而成。这些自然之理是有师可循的。

花台是三维空间，在断面上必须富于变化，诸如立峰高矗、潜石露

图 2-65　留园山石花台之下虚上实（资料来源：《园衍》）

图 2-66　网师园五峰书屋后
院（资料来源：《园衍》）

头、上伸下缩、虚中见实、陡缓相间等，加以融会贯通可以说变化无穷
（图2-65）。以粉墙为背景作花台以对厅馆是苏州古代私园普遍的做法，
无墙可倚的则做成独立的山石花台。

留园"涵碧山房"前的庭院是比较完善的山石花台群。由带壁山的花
台与庭院中央独立的山石花台组成。平面变化乍看似乎并不复杂，身历其
中会感到自然曲折、婉转多致。尤其是庭院西南角，两边花台有交覆之动
势，在移步换景的过程中很多视点都可得到遮掩墙隅的效果。本来是三面
相交成线的平滞墙线却因山石遮挡而若有莫穷之意，这是很不容易的。

若论山石花台的细部变化，以网师园"五峰书屋"后院为最精致之
所（图2-66）。后院进深仅约4m，面阔却有10多m，是东西狭长的小院，
山石花台沿北墙逶迤作曲带，不仅平面曲折多致，而且断面极尽变化之
能事，虚实并举而尤以"造虚"见长。些许空间，令人玩味无穷，流连忘
返，学造山石花台，此可谓尖端教材。

（五）掇山

孟兆祯说："明旨造山，意在手先。"造山必有目的，有"的"才可
放矢，这实际是为假山定位、定性。园林有周边自然环境特征、当地文脉
和主人的心性、爱好等，经设计者归纳后循"巧于因借，精在体宜"之园
林主要理法逐步落实山性。苏州环秀山庄、上海豫园都是以假山为主景，

图 2-67　上海豫园"补
天余"（资料来源：《园衍》）

但豫园秉承明代造园布局之特色，与人工主体建筑互成对景。加以古时豫
园的区位升高后可见黄浦江，这就要求山有足够的高度，而且在山顶部分
要考虑到"望江亭"之设。

　　"意在手先"是明确造山目的后的构思立意，无论对假山布局和细部
处理都是重要的。先有心意才能指挥行动，边想边做有违统筹。先有胸中
之山才有图纸上之山，才有模型之山，最后化为现实的实景假山。胸中之
山何来？孟兆祯以为外师造化经积累后，结合自然环境和人文资源之综合
抒发，要提炼为意境则必有赖于文意之陶冶。上海豫园黄石假山洞洞口刻
有"补天余"（图2-67）、北京北海山洞有"真意"镌刻，这些都是借以
反映一种意境，而真正的意境只在意识中体验。

　　"石令人古，水令人远"，山水必相映而成趣。孟兆祯指出，中国的
枯山水如《园冶》中所描绘的"假山以水为妙。倘高处不能注水，理涧壑
无水，似有深意"与日本的枯山水是迥然不同但依稀同源的。只是没有人
工水源，但还是人造自然山石景观，做出来的涧壑平时无水而却有深意。
深意在于若有水则成山水景，天然降水时便出现水景了，无水时干涸但具
有山水之意。如中国古代园林中常在屋檐下水处衔以假山涧壑，借屋檐雨
水成水景。环秀山庄东边假山与墙檐水相衔，也有无水似有深意之涧壑。
环秀山庄西北山洞接蹬道，蹬道旁若有山溪下跌，从墙外打井水，墙洞注
入则有水，平时也属似有深意之涧壑。

　　无水尚且做有深意的水景，有水源可寻的更当保护和充分利用天然水
源造景，有道是"地得水而柔，水得地而流""山因水活，水因山秀"，
动的水与静立之山可以形成最佳山水空间构成环境。"水令人远"的意义

还在于扩大了倒影的虚空间，相映成趣，光怪捉影，变化难穷。无锡惠山的风景名胜和园林实际上就是利用两股泉。杭州灵隐也是两股水源，不过一为地下水涌出。北京西山碧云寺仅有一泉源称"卓锡泉"，人工辟为水泉院，运用这股水贯穿其下游各景点，在未尽其用以前决不轻易排出景区以外。明代陶允嘉在《碧云寺纪游》续中说："山僧不放山泉去，缭绕阶前色瑟瑟"，足见精心保护和充分利用的理水传统值得深研。

孟兆祯提倡取得山形水势必须从境生景，充分酝酿采用什么山水组合单元和如何塑造山水的特殊性格。他为今人学习历史地理文化列举了数部典籍。其中首先要学习的材料是我国古代神话名著《山海经》和最早的地理专著《尚书·禹贡》等材料。《山海经》将中国土地按东、西、南、北、中划分为五系山水构架，每个山水系统都有起首、伸展和结尾，同时也概述了山水的成因和特色。《禹贡》循邹衍"九州说"，并假托大禹治水以后的行政区划将中国划分为九州。中国是小九州，世界是大九州。对长江、黄河、淮河等流域的山岭、河流、土壤、物产、交通、贡赋等自然和人文都有记载，尤以黄河为详，将治水传说发展为科学的论述，成为古代最早的一部地理学专著，后世校释和研究的著作也多，山水的基本理论要从这里汲取。

孟兆祯提道另一本中国最早解释词义的专著《尔雅》是学习和研究山水组合单元的基本书籍，其中释山、释水对我们园林艺术工作者特别重要。《尔雅》以城市为心向外衍展为邑、郊、牧、野、林、堀六类土地；《拜丘篇》中按高度将丘分为四类；根据丘与水结合的关系将丘归纳成四类；据孤丘主峰位置不同分丘为五类；据山高与面阔的比例将山分为四类；据山尺度大小将山分为两类，大山绕小山称"霍"，小山别大山称嶨。据土石比例，石包土称"崔嵬山"、土包石称"砠山"，当然我们也可称"土山戴石"和"石山戴土"，但阅读古代文献时必须明词义。

《释水篇》中将可居之水中陆地，从大到小分为洲、陼（渚、小洲）、沚（小陼）、坻（小沚）。我国带山、水、土、石偏旁的文字较之外国要多很多倍，这是适应人生产和生活的活动产生的，说明积累丰富。《尔雅·释水》将水系概括为渎—浍—沟—谷—溪—川—海。古代称喷泉为槛泉，裂隙泉为汍泉，下泻泉为沃泉，间歇泉为灂泉，还有瀑布（悬水）、逆河、河曲、伏流、潮汐塘（滩涂）。现在孟兆祯将水系概括为泉—上潭—瀑布或跌水—下潭（设消力池）—沟—涧—溪—沼（曲折形）、池（圆形）—湖—河—江—海。孟兆祯从中总结出设计过程中经常用得着的还有江河岸边称湄，水边可称浒、涯、浦、溟、浔，水口称汊；江河主干流、支流称派和沱；小水汇入大水称潊、灢，聚水洼地称泽，凌水水面称沂，深水称潭或渊。这些词都有界定但又不是绝对的。

山体单元，高而尖的山头称峰，高而圆的山头称峦，高而平的山头称为顶或台。峰峦起伏再接成岭，所谓"横看成岭侧成峰，远近高低各不同。"山之凸出部分称为坡或陂，山之凹入部分通称为谷，其中两旁山高而谷窄者称峡，两山稍低而山间稍宽称峪，谷扩展成壑，壑再扩展称坞。无草木之山称岏、屺或童山，草木茂盛之山称牯，如庐山称牯岭。从山进深方向陷进而不通的，小者称穴、大者称岫。岫再纵深发展无论贯通与否都称洞。石山高处悬出称为悬岩，高但不悬出称崖，高而面平者称壁，如武夷山之"壁立千仞"。平顶山石称砰，一石当桥称虹，高空架石可通人称飞梁，水汀安石供人踏过称步石或汀石。《园冶》记载："从巅架以飞梁，就低点其步石。"

山水组合单元只是反映了某种单元的普遍性，仅以峰峦而论可以作出许多特殊的性格来，一型多式。至于丘壑溪涧可以千变万化，但万变不离其宗。将石材特性，环境特性和人文立意汇总升华就不难捕捉山水的特性。这就要做"外师造化，内得心源"的积累，因为自然界同一单元有千变万化的景观形象。

孟兆祯将掇山的步骤提炼为"集字成章，掇石成山"。一石若一字，一字亦可成文。数字可以造句，造句似积数石作散置。连句成段，合段成章就是假山了。从文字记载看，古代掇山匠师的功夫都在动手以前。首先是相石，一石相当一字，如何相法呢？实际上经过巧于因借的构思，立意已经"胸有成竹"了。成局的文章当然要有段落的敷设，段落中有句，他便出于造句之需要相字。譬如一洞，如何引进，是曲折弯人，还是径直而前置石屏，洞结构是梁柱式还是券拱式，洞口作何处理，一一默记于心。相石之时便与胸中之山挂钩了，此石宜作洞、收顶，彼石适作洞壁山岫等。当然不必将胸中之山尽化为现实之石，但主要石景的石必须相好。相石要花很人工夫，石要看多面，有时要趴在地上看，有必要时还要翻开看，看尺度、色泽、质地和可能接茬的石口。一经相石完毕，掇山之时香茗一壶，蒲扇一把，只说何处何石，搬来放下，一准儿合适，分毫不差。掇山是先有整体文章，再化整为零相石，然后积多为整，掇石成山，这是真实的写照。

孟兆祯评价假山优秀与否的标准为"远观有势，近观有质"。前一句是对假山宏观的要求，后一句是对假山微观的要求，同等重要。他提出首先要把握住山水宏观的整体轮廓，或旷观、或幽观，都要求远观的山形水势给人总的气魄感。山之宾主关系、三远的尺度、山水关系、山的总体轮廓与动势综合地构成了假山的宏观效果。而山水单元的选择与组合、皴法和纹理、集字成句的整体感，块面的大小以及有关键意义的皴纹则构成了微观印象。假山近看之质为何，石贵有脉、皴法合宜、皴纹耐细览也。石有石皴，山有山皴。山皴与石皴统一或不统一均可，横竖纹只要有宾主之分是可以混用的。

不仅如此，孟兆祯还十分注重假山虚实空间的营造。"以实创虚，以虚济实"，假山艺术是虚实相生的，自然景物之美者或山水画意无不皆然。书法、篆刻也都讲究"知白守黑"的虚实统一。可是在实践中普遍只知以实造实、片面追求高矗的峰峦却不知以实造虚，因缺乏虚实变化而显得平滞呆板、极不自然。假山的组合单元诸如谷、壑、沟、罅、岫、洞等都是以实佐虚的，即使是壁、岩、峰等以实为主的组合单元也是以虚辅实，交映生辉的。黑白是最本质的平面和空间构成。

宏观的虚实关系，需在总体布局选择组合单元和单元承接的相互关系上解决。微观之虚则以结构设计和施工来体现，从"拉底"开始就要奠定基础，自下而上最终形成的，往往是实中有虚，虚中又有实。这就是选择一些实中有虚的石材做特殊的处理，对于只实不虚的石材则以组合的方式以实造虚。好作品几乎都是虚实相生的，相对而言可以说是以虚胜实。所言相对，因无实何虚。

掇山千变万化，古代掇山集设计施工于一人，即匠师。现代可分设计、施工、养护管理三次实践环节，通力合成。孟兆祯在掇山设计的实践中，先观察广州雕塑家做模型，逐渐转化为雕塑橡皮泥模型（图2-68），最后发展为电烙铁烫制聚苯乙烯酯模型。电烙后质坚如石，最易烫制湖石假山。电烙铁头砸扁、磨快也可烫制黄石模型。这一方法的优点是形象逼真而质量轻，照片放大后如身临其境（图2-69、图2-70），唯一的缺点是可燃，且烫制过程中排放毒气。

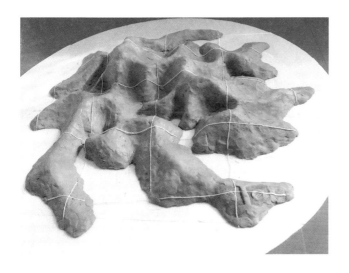

图2-68　雕塑橡皮泥模型（资料来源：《园衍》）

图2-69　"石壁流淙"假山模型
（资料来源：《园衍》）

图2-70　石壁流淙景区实景照片（资料
来源：《园衍》）

参考文献

陈辞. 艺术巨匠董其昌[M]. 石家庄: 河北教育出版社, 2015: 151.

辞海编辑委员会. 辞海地理分册历史地理[M]. 上海: 上海辞书出版社, 1982: 140.

笪重光. 画筌[M]. 北京: 人民美术出版社, 2016.

何介钧, 张维明. 马王堆汉墓帛书《经法》[M]. 北京: 文物出版社, 1976: 96.

蒋义海. 中国画知识大辞典[M]. 南京: 东南大学出版社, 2015: 473.

李德身, 陈绪万. 唐宋元小令鉴赏辞典 [M]. 西安:陕西人民出版社, 1992: 424 .

孟兆祯. 园衍[M]. 北京: 中国建筑工业出版社, 2012: 14.

(明) 计成.园冶[M]. 北京: 中国建筑工业出版社, 2018.

(明) 文震亨. 胡天寿译注长物志[M]. 重庆: 重庆出版社, 2017: 65.

(清) 笪重光. 薛永年校订画筌[M]. 关和璋译解. 北京: 人民美术出版社, 2018: 51.

(清) 李渔. 李渔全集[M]. 杭州: 浙江古籍出版社, 1991: 195.

(清) 王国维. 人间词话[M]. 南京: 江苏凤凰文艺出版社, 2020: 368.

上海辞书出版社文学鉴赏辞典编纂中心. 苏轼诗文鉴赏辞典(下) [M]. 上海: 上海
    辞书出版社, 2020: 585.

(宋) 苏东坡. 苏东坡全集(第1卷) [M]. 北京: 北京燕山出版社, 2009: 169.

陶明君. 中国画论辞典[M]. 长沙: 湖南出版社, 1993: 167.

陶明君. 中国画论辞典[M]. 长沙: 湖南出版社, 1993: 188.

陶明君. 中国画论辞典[M]. 长沙: 湖南出版社, 1993: 201.

王大鹏, 张宝坤, 田树生, 等. 中国历代诗话选[M]. 长沙: 岳麓书社, 1985: 630.

吴冠中. 我读石涛画语录[M]. 北京: 荣宝斋出版社, 2007: 16.

吴良镛. 北京先章[J]. 时代建筑, 1999(3): 88-91.

吴世常, 陈伟. 新编美学辞典[M]. 郑州: 河南人民出版社, 1987: 127.

杨伯峻. 论语译注[M]. 北京: 中华书局, 2009: 132.

杨大年. 中国历代画论采英[M]. 郑州: 河南人民出版社, 1984: 178.

奕昌大. 中外文艺家论文艺主体[M]. 长春: 吉林大学出版社, 1988: 65.

张鲁光. 中国名联选[M]. 长春: 吉林文史出版社, 1992: 337.

朱立元. 美学大辞典[M]. 上海: 上海辞书出版社, 2010: 225.

第三章

移情因所遇，景面寄文心：孟兆祯名景析要

图 3-1　孟兆祯考察经典园林

明清时期，北方皇家园林和江南私家园林中涌现出了大批经典杰作，成为学界热衷探讨的对象：北京的西苑三海、三山五园，承德的避暑山庄规模庞大、巧夺天工，名扬东西方；苏州的拙政园、网师园、环秀山庄等体量小巧、典雅别致，素有"城市山林"的美称，二者都浓缩了上千年传统艺术文化中的菁华，是珍贵的民族文化遗产。

古代园林的研究往往具有跨学科、综合性强的特点，历史细节的考证没有止境，不同学科视角下的研究似百花齐放，而且越是历史名园，研究热度就越高，随之带来了相当的难度。孟兆祯认为·"不探讨园林艺术创作的理法是难以掌握要领的。因此，中国园林艺术创作必有理、法、式可寻。""理"为反映事物特殊规律的基本理论，"法"为带规范性的意匠或手法，"式"为具体的式样或格式。

因此，孟兆祯对这些名园的研究并非传统的文史考证，而是建立在深入的实地踏勘和史料研读的基础上，通过以借景为核心的传统造园理法序列破解它们的设计步骤、造园技法，还原园主与匠师的精妙构思，为当代园林科研和实践工作带来无穷启发。本章选取的6个案例均为孟兆祯的代表性研究成果，其中包括4座苏州古典园林和2座清代皇家园林，学术价值最为突出的莫过于孟兆祯对皇家园林避暑山庄已毁的山区诸景点的复原研究和对私家园林环秀山庄大假山的精彩论述。

第一节

托物言志，私家园林

明清时期的江南是中国园林文化后期勃兴的中心阵地。在这一时期该地域建设的私家园林，不仅引领了中国园林在观念与实践层面的深刻变革，更是清代北方皇家园林的源泉，为其空前兴盛提供了滋养。

苏州古代园林是明清时期江南私家园林最为重要的代表，其历经变迁逐步形成了如今独特精湛的艺术风格，并最终成为珍贵的世界文化遗产。作为中国园林史研究的重中之重，苏州古代园林尽管已有相当丰硕的研究成果与扎实的资料基础，但孟兆祯运用以借景为核心的传统造园理法序列来尝试剖析苏州园林的诗意与技法，仍然显得独树一帜且成效卓著。

对此，下文即以苏州的拙政园、留园、网师园、环秀山庄为例，来展现孟兆祯的研究范式与理论精华。

一、拙者为政

苏州古典园林中，拙政园由王献臣（1473—1543年）始建于明正德年间，留存有大量图像及文字史料，是中国四大名园之一，研究热度极高。孟兆祯认为，名"拙政园"应"问名心晓"，王献臣由于仕途未遂志，便借西晋潘越《闲居赋》："庶浮云之志，筑室种树，逍遥自得。池沼足以渔钓，春税足以代耕，灌园鬻蔬，以供朝夕之膳；牧羊酤酪，俟伏腊之费。孝乎唯孝，友于兄弟，此亦拙者之为政也。"用人情世故来换位思考，那就是：惹不起，还躲不起？因此，孟兆祯将拙政园的理法归结为循中国文学"物我交融"之理，以莲自诩，取"出淤泥而不染"为主题是为指导设计的意境创造，并体现于园景中（图3-2）。

苏州园林与住宅部分构成完整的一体，因此它又称"宅园"。孟兆祯在案例研究的基础上，提出宅园的基本要求即为"日涉成趣"（图3-3），讲究"涉门成趣"。他经过反复实地调研，发现了自腰门入园，由黄石假山、廊、墙结合地形和树木花草形成了6条风格不同的出入路

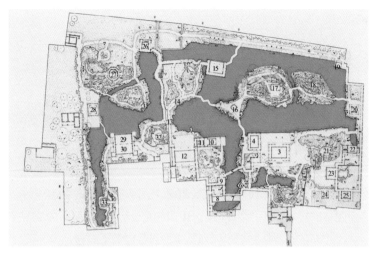

1—入口；2—腰门；3—远香堂；4—倚玉轩；5—小飞虹；6—松风亭；7—小沧浪；8—志清意远；9—得真亭；10—香洲；11—澄观楼；12—玉兰堂；13—别有洞天；14—柳荫路曲；15—见山楼；16—荷风四面亭；17—雪香云蔚亭；18—北山亭；19—绿漪亭；20—梧竹幽居；21—绣绮亭；22—海棠春坞；23—玲珑馆；24—嘉实亭；25—听雨轩；26—倒影楼；27—浮翠阁；28—留听阁；29—卅六鸳鸯馆；30—十八曼陀罗花馆；31—与谁同坐轩；32—宜两亭；33—塔影亭。

图 3-2　拙政园平面图（无东部园林）（资料来源：改绘自《苏州古典园林》）

图 3-3　"涉门成趣"六条不同游览路线（孟凡玉 供图）

线，耐人寻味。一是额题"左通"处廊道引，由于园有变迁，此道已封闭，未知何时通。二是额题"右达"的廊道进入，左壁右空。三是从东边枇杷园西面之云墙与黄石假山东面形成的蹬道款款而下。四为黄石假山西面与廊子组成的缓坡道引到石山北水池斜架的石桥上。五是穿黄石假山的山洞，从水池南岸入园，是为石栈道的做法。山洞路线带来了由明入暗和从暗窥明的光线变化。六是可攀山道上山顶，再从山顶下来入园。六条出入花园的路线为"日涉成趣"创造了基本条件。

总体布局中先定"远香堂"的位置（图3-4），远香堂西有"倚玉轩"为傍，北望"雪香云蔚亭"（图3-5）。有说法称："倚玉轩"寓竹，"雪香云蔚亭"寓梅，并在土山上种植梅花以体现意境。依孟兆祯看则不然，此景创意的内涵意境就是荷花。君不见《园冶·借景》在谈夏季借景时有"红衣新浴，碧玉轻敲"之说。"红衣新浴"意喻荷花，"碧玉轻敲"寓雨点轻敲荷叶。因此"倚玉轩"傍远香堂犹如"红花虽好还须绿叶扶持"。就四时而言，唯夏时"云蔚"，春雨绵绵、秋高气爽都没有云蔚的天空，只有夏时蔚蓝天空白云飘。亭中用文徵明联"蝉噪林愈静，鸟鸣山更幽"，也是夏景声像的写照。孟兆祯再从北京圆明园按宋代周敦颐《爱莲说》造的莲花专类园"濂溪乐处"考证出，有个从岛岸引廊出水观荷的景点就名叫"香雪廊"。白色荷花亦可称香雪，何况池中"荷风四面亭""香洲"都是寓莲的意思。不过孟兆祯认为，多一种观点研究是有好

图 3-4 远香堂在林翳远香中（资料来源：《园衍》）

图 3-5 自山下仰望雪香云蔚亭（资料来源：《园衍》）

处的，也不强求统一。

孟兆祯认为，园林中山水空间的塑造并非是孤立成景，而是为建筑和植物造就了山水环境。苏州地下水位高，因而在拙政园可掘池得水，而且可外连城市水系。该园西南端的小筑问名"志清意远"就表达了这个寓意。因此拙政园总体布局是以水景为主，聚中有散，筑山辅水，以水为心、构室向水。土山是明末才形成的，对划分水面、增加水空间的层次感和深远感起到骨架的作用。土山又以涧虚腹，形成两山夹水的变化。西端化麓为岛，岛从三个方向伸出堤，桥并堤拱六角亭"荷风四面亭"的三角形基址，使水景富于变化。

孟兆祯常讲，开辟纵深的水空间对于拓展视线是极为重要的。古人讲究"远观势，近观质"，换句话说就是人在游园时的视线要有远有近，从而获得丰富的体验。东西向的水景线有两条，以前山为主。东自"倚红"至西面的"别有洞天"是主要的水景纵深线。直线距离约120m，西与南北向水景纵深线正交形成水口变化，为布置不同的水院建筑创造了优越的水势条件。无论自东端的"梧竹幽居"西望"别有洞天"，或自"别有洞天"回望，两岸山林夹水，间有建筑于对岸相呼应，水景至深而目可及，而且可向园外报恩万岁宝塔借景（图3-6）。

相比而言，如果说前山的水景纵深线建筑有所喧，那后山的水景纵深线则因林幽而寂，两水空间性格因差异而互为变化。南北向水景纵深线自"小沧浪"至西北的"见山楼"纵贯南北而被"小飞虹""香洲"石舫、"石折桥"横隔为层次多变的水景（图3-7）。东端南北向水景纵深线自"海棠春坞"至"绿漪亭"，虽不太长而景犹深远。水空间以土山、桥、廊、舫为划分手段，划分出大小不同、形态各异和具有不同类型建筑围合

图3-6 拙政园东西透景线（资料来源：《园衍》）

图3-7 小飞虹斜跨水景纵深线（资料来源：《园衍》）

的8个水空间，它们相互串联、渗透而构成水景园林的整体。化整为零，再集零为整。

二、华步留云

留园同样是四大名园之一，始建于明万历年间徐泰时（1540—1598年）的东园，后屡易其主。其特色在于建筑庭院和建筑小品的处理。在置石和建筑结合山石方面创造了独一无二的特色（图3-8）。

20世纪50年代，张锦秋、郭黛姮两位大师在《建筑学报》上发表了留园入园窄巷的分析，把曲折、虚实、明暗的建筑空间变化分析得很透彻，孟兆祯则重点从理景的角度开展了研究，最先依然是入口空间。同样要求

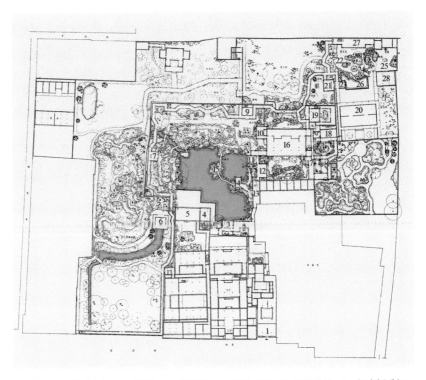

1—大门；2—古木交柯；3—绿荫；4—明瑟楼；5—涵碧山房；6—活泼泼地；7—闻木樨香轩；8—可亭；9—远翠阁；10—汲古得绠处；11—清风池馆；12—西楼；13—曲溪楼；14—濠濮亭；15—小蓬莱；16—五峰仙馆；17—鹤所；18—揖峰轩；19—还我读书处；20—林泉耆硕之馆；21—佳晴喜雨快雪之亭；22—岫云峰；23—冠云台；24—冠云峰；25—瑞云峰；26—浣云沼；27 冠云楼；28—伫云庵。

图3-8 留园平面图（资料来源：改绘自《苏州古典园林》）

图 3-9　古木交柯（资料来源：
《园衍》）

"日涉成趣""涉门成趣"，由大门入园虽只有一条路线却也能奏效。门厅、轿厅之间开天井而光暗变化自生。往北进的夹巷极尽长短、宽狭、折转之变化，兼以花台镶于墙隅，导入渐入佳境地进入欲扬先抑的前厅。南墙作为山石花台的壁山以为进出的对景。穿厅之西边廊进入园中，廊口额题"揖峯指柏"。

入园即处于三岔路口，设计者导游性特强。直北虽可通曲溪楼，但前面光线晦暗。西面却一片大明，小天井层层相连而莫知所穷。游人很自然地向左转面对"古木交柯"（图3-9）。《园冶·相地》指出："多年树木，碍筑檐垣，让一步可以立根，斫数桠不妨封顶。斯谓雕栋飞楹构易，荫槐挺玉成难。"在此更借树成景，巧于因借也。如今老树已死，补植了一株，其实难符矣。

再西行进入"绿荫"前廊，廊南小天井紧缩逾倍，山石花台上石笋挺立，南天竹扶疏，藤蔓植物倚壁而起，以绿色枝叶衬托出雕塑"华步小筑"的注目额题。小天井与东邻天井间有粉墙隔断，却又开瘦长形地穴沟通。小巧精致，启活了两个天井空间。

绿荫之西为明瑟楼。楼东有台临水，南通绿荫西邻的小轩，轩西曲尺形高粉墙，是为明瑟楼山石楼梯凭借的载体。明瑟楼尺寸小，内梯无处安置，室外山石楼梯就解决了这问题，同时可以造景。孟兆祯认为，山石梯以花台和特置山石强调梯口，花台中植树增添自然气氛。特置山石虽不过高两米余，由于视距迫促，因近求高而耸入云天。山石上镶"一梯云"三字。"梯"作名词则词义同山石楼梯，作动词则一梯入云。据实夸张，既在情理中，又出意料外。登梯两三阶即入镶在墙内角的休息板。然后以石为栏，在石栏遮挡下，贴墙陡上。古时讲究"笑不露齿"，若梯不露阶。

图3-10　"一梯云"之画意（资料来源：《园衍》）　　　　图3-11　涵碧山房南院牡丹花台（资料来源：《园衍》）

有正对视线作山石楼梯者，全阶毕露，何美之有？梯西尽北转，近楼处设小天桥步入。梯之底部做成山岫，阴虚而暗。自明瑟楼楼下南望，由柱和木挂落组成画框，云梯俨然横幅山水，可谓达到了凝诗入画之境，此景在孟兆祯看来甚佳（图3-10）。

而涵碧山房前院的牡丹花台，同样是园中的佳景，体现了极高的掇山置石技艺，乃用自然湖石掇成。院子乃近方形之梯形，边廊圈出东北隅作"一梯云"，形成曲尺形廊为东界。山石花台让出涵碧山房阶前和东边廊前集散的场地，因而花台仅占对角线西南之地，将近三角之地划为中心、西墙根和南墙根三部分。但西墙和北墙的花台在西南墙隅并不相连，有意放空以形成交覆相夹之势，游人自北而南或自东而西游览时，墙角被花台掩映不穷，这是很奥妙的处理（图3-11）。中心花台因让出东和北面的空间而不"堵心"。山石花台在纵断面极尽变化之能事，或上伸下缩、或直或坡、或若有山石崩洛而深埋浅露于花台下的地面。或峰石突兀引人注目，以墙为底，以石为绘。结合场地环境来看，苏州地下水位高而牡丹喜排水良好，山石花台为牡丹创造了合适的生态条件，而花台布置的结体和自身变化则增添了自然美的气氛。

园东部即以冠云峰为中心的一组园林庭院。整座庭院的景点题名也是围绕它展开的，意境悠远。冠云、瑞云、岫云三峰以冠云峰最奇美，占尽风流，充分表达了湖石单体的透、漏、皱、丑、瘦之美，其形体硕大、姿色婀娜而孤峙不群。留园主人为了得到这卷奇石，先购其地、使石在地内而得石。从建设的顺序而言是先置石，以石为中心来布置建筑和园庭。格局是南馆、北楼、东庵、西台。林泉耆硕之馆是诠释、欣赏和座谈、探讨冠云峰之所。馆中以木刻满壁的《冠云峰歌》为主要展示，屏后即可从室

图 3-12　冠云峰及浣云沼
（资料来源：《园冶》）

内最佳视点品赏名石奇峰了。视距约为20m，石峰高约为6m，视距比约在1∶3。冠云峰前的浣云沼为水石相映成趣之作，与拙政园的小沧浪有异曲同工之妙。石本灵洁，倒映入水，水容倒天，清风徐来，石云折影宛若天浣。石乎，云乎，皆浣于沼（图3-12）。

冠云楼据峰而建，正对冠云峰。林泉耆硕之馆稍有偏移亦感相对。馆东、西边廊北展，东尽仁云庵、西出冠云台与佳晴喜雨快雪之亭，整个庭园有所轴线而又是不对称的均衡处理。浣云沼之岸，北曲南直，印证了"随曲合方"之妙。

最后，附上孟兆祯专为冠云峰题写的《冠云峰歌》：

奇石溢美自天工，锡爵首封采石翁。

溶蚀完美恰合度，透漏皱瘦妙贯通。

女娲补天余摧残，鬼斧有意赛神工。

殊有赏识收灵石，根落永固华步中。

留园主人得宝地，收奇稳在藏灵瓮。

亭亭玉立浑天成，玉体窈窕周玲珑。

独立端严中庭站，辅弼六合相中庸。

四合一卷抱灵沼，高山流水入商宫。

众目合焦姿意赏，负阴抱阳五行通。

春来桃李灼其华，秋满金桂澈香浓。

夏阴百花竞弄彩，冬雪银装素裹琼。

清风明月何所尽，自在遐想寰宇中。

三、网师小筑

网师园为南宋万卷堂故址，乾隆中叶园主宋宗元购得，用以奉母养亲、归老修身、雅集赏花、觞咏酬唱。其远托前缘"渔隐"，又取地名"王思巷"谐音，以网师自号，故园名"网师小筑"（图3-13）。孟兆祯认为，此园为苏州城内中型宅园合一布置之佼佼者。整体立意以渔隐为师，意境皆琴、棋、书、画、渔、樵、耕、读。诸如看松读画轩、射鸭廊、樵风径、五峰书屋、琴室等。水的平面呈方形若张网落水之形。东南角引小溪若网之纲，所谓纲举目张。

1—大门；
2—轿厅；
3—大厅；
4—撷秀楼（花厅）；
5—小山丛桂轩；
6—蹈和馆；
7—琴室；
8—濯缨水阁；
9—月到风来亭；
10—看松读画轩；
11—集虚斋；
12—竹外一枝轩；
13—射鸭廊；
14—读画楼（楼上）；
15—五峰书屋（楼下）；
16—梯云室；
17—殿春簃；
18—冷泉亭。

图3-13　网师园平面图
（资料来源：改绘自《苏州古典园林》）

同样是园的入口，渔隐之园不求张扬，"清能早达"的廊壁嵌《网师园记》，东南角有小洞门引进主体建筑"小山丛桂轩"。孟兆祯经考证认为，景名出自《楚辞·小山招隐》的"桂树丛生山之阿"句，庾信《枯树赋》有"小山则丛桂留人"句。轩东、西、南三面有边廊，北面以黄石假山为屏障。北假山上和南壁山花台植桂花。山不高而水甚敞，轩四面景色各异。东面最狭，墙间引窄长溪湾，跨以体量精小、造型玲珑之石拱桥，桥面拱处如同苏州水城门，盘门桥面拱处有一样的镇水石刻图案，六瓣旋花。是否寓意"六合太平"尚不能定，孟兆祯曾请教多位老前辈而未解，后从梁友松先生处得知是寓意海中一种大的贝壳类动物，亦是辟邪趋安的吉祥含义。

由小山丛桂轩，濯缨水阁、蹈和馆组织的小空间，由小山丛桂轩西出廊呈"之字曲"横贯。由于廊间山石花台上一株逗人注目的青枫点缀，空间十分灵活。透过廊间，经水阁南漏窗透渗水阁北面景色，显得风景层次丰厚。

孟兆祯在推敲网师园空间时发现，景名取自《孟子》"沧浪之水清兮，可濯吾缨兮"之意的濯缨水阁，它与中心水景的关系以及建筑造型都有很多讲究。小山丛桂轩北向是以黄石假山为隐蔽处理的。假山为水景接口，同时作为陪衬将水阁托了出来。水阁居控制水景的要位，虽倒坐却因居要位而控水。水阁尺度不大却相当精致。临水面栗色雕花木栏供扶水凭眺。木栏下石柱入水并引水内涵，外观虚空，形成五间水洞而颇有深意（图3-14）。阁内木桶扇开启格外空透。明间南墙上的漏窗自室内较阴暗的空间透出南边光亮的背景。

顺西墙驾廊池上，由廊衍生出"月到风来"止六边形水亭独当了池西的景色。东墙展示了住宅层层庭院深入的西立面。东北隅水亭向北引出射鸭廊，射鸭廊又与竹外一枝轩前后相连，外栏杆、内门洞、漏窗，明暗虚实，相映成趣。尤以射鸭廊西端向北转折的结合处，屋盖组合简洁中出奇巧，虚廊接以有漏窗的白粉墙实体，变化中有统一，统一中又有变化。

"月到风来亭"顺势引入园中园"殿春簃"。隔墙东西二廊交覆一段后西廊与山石廊相衔，是为一座独立的书房庭院，建筑以居东之大屋连接居西之耳房。孟兆祯认为这一独特的景点题名必然跟实景是匹配的。据《尔雅·释宫》载："连谓之簃"，郭璞注"堂楼阁边小屋"，楼阁边的小屋称"簃"。又按莳花而言，这里以芍药为主。花开春末，若将春季分为三段的话，"殿"便是春末，故问名"殿春簃"。

图 3-14　濯缨水阁（资料
来源：《园衍》）

图 3-15　冷泉亭借壁
生辉，山石涩浪引上，
亭壁幽石冷立（资料来
源：《园衍》）

　　庭是长方形，北端向西少有扩展。殿春簃坐北，而北面留出了布置
"无心画"的狭长后院，山石梅竹自成画意。南出平台，石栏低伏。主要
的景物是花台、壁山和半壁亭，都借墙而安。冷泉亭成为构景中心。亭居
高而旁引山石蹬道而上。亭中置湖石于粉墙前，几卷竖峰与亭内外融为
一体。亭名"冷泉亭"，借泉成亭（图3-15）。传此处旧有"树根井"，
1958年整修时把埋没了的泉水开发出来，清泠明净，山石上有"涵碧泉"
石刻。这本是庭院的西南角隅，如二墙垂直相凑，仅为一线的交线，难免
呆滞、平板；而借隅成泉后，有山石蹬道引下，一泓清泉，潭里镜天。加
以石影玲珑剔透，树弄花影，浓荫覆泉，顿起清凉世界之想。以山石嵌隅
把文章做活了。这说明置石和假山是中国园林运用最广泛、最具体和最生
动灵活的手法。

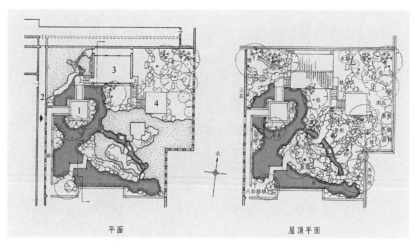

平面   屋顶平面

1—问泉亭；2—过街楼；3—补秋山房；4—半潭秋水一房山。

图 3-16　环秀山庄平面图（资料来源：改绘自《苏州古典园林》）

四、环秀挹清

清代掇山哲匠戈裕良（1764—1830年）在乾隆年间为汪氏宗祠兴造的"环秀山庄"（图3-16），孟兆祯评价园中假山是为全国湖石假山之极品。研究此园首先问名立意，"环秀"盖指山居中而建筑环山布置，山庄南、西、北三面布置建筑，东为高墙，"秀"指状貌或才能优美出众，古代园林称山为秀，环秀也可理解为言太湖石之美。湖石在成岩过程中，含钙的石灰岩被含二氧化碳的水溶蚀而形成窝、岫、洞，一般都呈环形。此园主峰取洞的结构，并以环洞为框景纳西北山洞于其中，环环相套，充分展示了石灰岩环秀之美。

（一）有真为假，做假成真

孟兆祯认为，环秀山庄的假山以自然山体为原型进行提炼再造，正所谓胸中没有成山成水，何来假山水。做环秀山庄的腹笥不止苏州的真山，赤壁、九华、庐山乃至三山五岳之真意都在腹中。主山的断崖绝壁临水，不与赤壁临汉水而拔地雄踞相似吗？上悬崖下栈道这种组合，真山就更多了。太湖东岸的石灰岩山更是溶蚀山景的先师，可以找出环秀主山体势和大石山相似，甚至洞内螺旋形漏斗造型与大石山俯览的螺旋山谷相关。但孟兆祯强调，有真为假是全面综合的，追求神似而不是形似，而且神似贵在似与不似之间。随遇而安，因材、因境而成，才是"真如"。

山贵有脉，水贵有源。孟兆祯发现，环秀山庄有"飞雪泉"自西北垂流，且水压大，流量大，天然降水又是水乡的优势。东墙延屋檐水，有可见的轨道。池底与地下水相通，水位涨落与园外河道相同。为防天旱不雨，还借北邻，掘井取水从补秋山房西凿洞引入，并化为山洞从爬山洞侧，漱流进入水池。

人们常说湖石之美——透、漏、皱、瘦、丑，这都基于石灰岩受碳酸溶蚀形成窝、环、岫、洞等组合单元。其中，环是最有代表性的，"环秀"落实在洞口，洞壁用湖石环洞采光，主山以单环洞结顶，乃至以主山顶环纳入西北崖洞之环等，极尽表现环洞之秀。基于石灰岩溶蚀景观，是科学的基础。

循中国山水地理，山从园之西北角，以配山发脉，由西北而东南，至庭池中心拔起主山与客脊并成两山夹一幽涧之势。主山虽不宜中，但宜中也可，要成"周环成秀"是宜中之本。主山朝南面，西急东缓，动势向西。苏州真山在市西，假山乃子山，子山回望母山（图3-17）。主山和客脊外观雄峙高大，实则外实内虚。一条纵深幽涧穿山而过。主山潜藏洞府、客脊下涵洞室，这不仅省了石材，更符合石灰岩溶蚀景观。

山体组合单元丰富而集中。有"引蔓通津"的紫藤石桥、种紫藤的山石花台和水下连通便于水流的水岫。引道东折的矮石壁、上伸悬岩、下凿山径的栈道以及其中垫起之拱梁小桥、洞口、洞道及洞府、曲折多变的幽涧和步石、飞梁、盘道、石矼板桥、成环峰顶、山石沼亭、散点护坡、大

图 3-17　环秀山庄大假山南立面（孟凡玉 供图）

图 3-18 问泉亭（孟凡玉 供图）

水岫岸、池亭山石花台抱角、飞雪泉及绝壁瀑布，深罅大裂隙、爬山洞及漱石山涧等，皆以石为笔画，数石成句，连句成段，组段成章。山体单元如此密集，集中又有序地展开，更体现了"有真为假，做假成真"。

（二）片山多致，寸石生情

对于环秀山庄假山的赏析来源于孟兆祯的细腻观察与体悟。首先问名心晓的是景点意境。古泉不存而"飞雪"告诉世人泉之水压大，激水成飞雪，溅白飞雾、捣珠碎玉之景。戈氏掇山，时空统一。湖石山有种植池，点植四株植物，涵盖了春夏秋冬四时循环的变化——紫藤桥启春，夏景是紫薇，秋景青枫，冬景白皮松。问泉亭（图3-18）似"问泉哪得清如许"，亭四角山石花台抱角变化，便与湖石水岸融于一体。"半潭秋水一房山"是整个山庄山水占地之比例。但半潭秋水加上青枫尚不足写秋之意，故带石舫意味的"补秋舫"应运而生。

湖石瘦漏生奇，玲珑安巧，用《园冶·掇山》理法理解环秀山水便可名实相符："峭壁贵于直立，悬崖使其峻坚。岩峦洞穴之莫穷，涧壑坡矶之俨是。信足疑无别境，举头自有深情。蹊径盘且长，峰峦秀而古。多方景胜，咫尺山林。"结构和构造的支撑得益于戈氏传承创新地提出学习造环桥之法，以券拱传力胜过梁柱受力，并且因湖石提出大小钩带，一劳永逸（图3-19）。

图 3-19　洞道入口及"环桥"（孟凡玉 供图）　　　　图 3-20　飞梁（王睿隆 供图）

　　孟兆祯认为，寸石是在片山有致的基础上生情的，它不是孤立的石头。其中称得上"臆绝灵奇"的当是洞府中螺旋漏斗状的排水孔。生情之处在于它还是洞中的采光孔，把洞外山石环桥洞采集的光亮经水面从下到上反射到洞中来，一石二用，臆绝灵奇。

　　联系幽谷两壁的飞梁（图3-20），是公认的焦点景物。洞内外得景，所生异情。洞内站在洞中步石上由东向西望，飞梁隔空高架，仰视飞梁底面斜飞，峻中有险意。自西廊底层东望应是最佳视点，有幽涧的虚空背景衬托，格外清晰的大斧劈皴的两边峭壁横架了一卷飞梁，石梁两头沉实厚重自然地卡在上宽下窄的谷中。谷外更有层层山石和植物多层次的烘托。如当夕阳西下，抹金闪霞，好一幅自然山水画卷。石岸大水岫，上伸下缩，飞雪落水井口。后山洞悬崖云卷多致、山涧漱石聆音、大裂隙地面高低错落、半潭秋水隐藏、东北护坡散点石深埋浅露、池西南浣阶之四级下引砧衣多情，可以说数不胜数。片山寸石皆有深情，志在山水者饱目赏心。

第二节

移天缩地，皇家园林

皇家园林是历史最悠久、文化影响力最大的一类古代园林。它是彰显国家实力与帝王胸襟的重要手段，兼备理政与寝居功能，其规模和艺术水准是私家园林远远无法匹敌的，纷繁的景致背后是古人极其丰富的想象力和深厚的文化积淀。

清代皇家园林在孟兆祯看来是园林史上的"最后一个高潮"，它们的缔造者是浸润在汉文化之中的满族帝王。晚清诗人王闿运曾在《圆明园词》中准确概括了它的艺术特点："谁道江南风景佳，移天缩地在君怀。"其实不只是江南风景，就连天宫星象、华夏地貌、神话传说、文学典故、边陲风光等内容都可以在皇家园林中得到实景化呈现，可以说这些艺术杰作就像一部百科全书。

北京北海是西苑三海之一，始建于金元时期，曾作为大内宫苑；承德避暑山庄则是京外最重要的一座离宫，由康熙、乾隆二帝苦心打造。在下文中，孟兆祯对前者的论述侧重在筑山艺术，对后者则是包含了遗址复原在内的系统研究。

一、北海琼华

在现存的古代帝王宫苑中，西苑北海的假山是历史悠久、规模宏大而又具有极高水平的代表作品，值得学界对它进行考证、分析和研究。与传统的建筑考证视角不同，孟兆祯对它的研究重点在整体的山水架构以及假山园的营造之上。

今之白塔山始建于金，但现存绝大部分的建筑和掇山实际上是代表清代法式和做法，这给研究造成了一定难度。孟兆祯在爬梳史料后认为，目前我们所见的北海假山是在有明确的预想指导下，经过假山匠师和工人们精心地设计和施工逐步形成的。古人造园，意在笔先。为此，孟兆祯认为，首先值得我们推敲的问题就是造山的目的，也就是意旨（图3-21）。

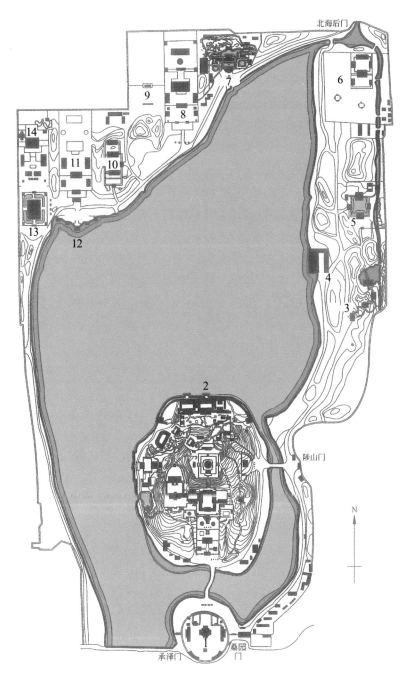

北海后门

9

14

11   10

13

12

6

5

4

3

陟山门

2

N

承泽门   桑园门

1—团城；2—琼华岛；3—濠濮间；4—船坞；5—画舫斋；6—先蚕坛；7—静心斋；8—西天梵境（大西天）；9—九龙壁；10—快雪堂；11—阐福寺；12—五龙亭；13—极乐世界（小西天）；14—万佛楼遗址。

图3-21　北海总平面示意图（资料来源：改绘自《中国古典园林史》）

（一）北海造山的意旨

（1）继承"一池三山"的传统造山理水法，追求"神海仙山"的精神境界。今之北海是西苑三海的一部分，它一方面继承了海中神山之法，却又在三海中形成相对独立的景区。在北海中虽然只有一座大山，但仍保持了蓬莱仙山的传统，为三山之一山。经比照可知，这在元万寿山图中可以得到印证。特别是在东、西两山峰与中间主峰的交接处设有方壶、瀛洲二亭更能说明其山水塑造的意图，而原来主峰上的广寒殿也就是月宫的写照。

（2）仿北宋汴京寿山艮岳、造琼华岛以象征艮岳之为山。将把元代万寿山图和北宋寿山艮岳的平面示意图两相对照，孟兆祯发现琼华岛在山形和山水结合的关系方面有不少都是仿自艮岳。金代时的琼华岛之朝向，主峰和东、西峰的组成，主峰顶上建广寒殿、土山戴石的结构以及利用后山开辟假山洞的做法等都有所依据，只是在山形方面有内聚成对称"品"字形的变化。至于引水上山的水法处理今已不可见。不过，凡事要辩证看待，艮岳和琼华岛为山还含有封建迷信的风水观念。而金人造琼华岛相传有辇土压胜的含义。

（3）吸取江苏镇江金山的景观。清代修建琼华岛时，又借鉴和吸取了金山的景观。因为琼华岛在北海中的位置的经营和山水形势的特征恰似当年金山在长江中孤崎水面的情况。

（4）为帝王游览休息创造综合性的山水苑囿的条件。与圆明园、颐和园、避暑山庄等帝王山水宫苑相比，北海在性质上还有所差异。因与皇城相距不远，没有必要放置"外朝内寝"的宫殿，但在游览设施方面都比较丰富。以往的琼华岛上还设有温泉浴室，温水自石莲喷出。辽阔的太液池则御舟很多，除了各具专名的御舟外，还有膳船、酒船、纤船等。湖面结冰后，又可在高踞山顶的庆宵楼俯览名目众多的冰嬉。东岸和北岸则利用土山范围和组织空间，构成"濠濮间""静心斋"等"园中园"的多景观变化。

（二）北海山水的总体布局

北海以"白塔山"作为全园的主景，并采用了主景突出式的布局类型（图3-22），这和圆明园那样的"集锦式"布局是有区别的。因此北海的总体布局又取决于主景山在经营位置、体量、轮廓以及组合安排等方面是否妥当。只有主景安排得体以后，才有条件考虑如何运用配景陪衬和烘托主景。但是，山又不是孤立的，必须在布置山的同时统筹安排山水以及其

图 3-22 北京北海琼华岛北面全景（资料来源：《园衍》）

与建筑、树木之间的关系。

孟兆祯认为，白塔山在布局方面有几个成功的因素。首先是主景升高，形成水平线条的水面与竖直线条的塔山在线性方面的强烈对比。主山无论是在体量、高度、朝向、位置和轮廓等方面都处于统率全园、控制全园的绝对优势地位，而四周岸上的土山只是低平地伸展。这完全符合古人认为的"主山最宜高耸，客山须是奔趋"和"众山拱伏，主山始尊。群峰互盘，祖峰乃厚"的画理。但是，主景升高的手法，并不完全决定于其本身的绝对高度，而在于安排合理的视距，使观景点对于景物的水平距离和景物高度保持合宜的比例关系。

其二，由于塔山在水面中偏侧而安，岛山把水面分割为具有聚散、曲直、收放等各种水面性格变化的空间。

其三，由于塔山四周水面环绕，山的主峰又向北后坐。因此塔山外围各面都有不同程度的空旷空间。于空旷中突起岛山，虚中起实，更加突出了这个全园的构图中心。这又与于无声处鸣惊雷有相同的对比效果。

（三）琼华岛

从琼华岛到白塔山，虽然历经数百年的变迁，但始终保持了"海市蜃楼"的创作意境。经过严谨的平面推敲后，孟兆祯认为，清代改造以后更着重在塔山北面加以发挥。此岛由三峰组成，呈品字形排列而主峰后座。整个岛的中心也就向北推移了。布置琼岛的中心问题主要是如何实现人工美和自然美的结合。帝王宫苑这类园林往往要求反映帝土唯我独尊、君神一体的内容，既要用中轴对称的布局手法创造严谨、庄重、雄伟、壮观的气势，又要追求仙山楼阁的自然情趣。因此宫苑中有些造山也受到中轴对称的某些制约。于是整个琼华岛的中轴线吻合于主峰的中轴线。主峰极顶中心即南北、东西两条轴线的正交点，形成了四面有景，而又受这两条轴线制约的格局。但宫苑之制究竟区别于皇城内之禁宫，可以有布置的灵活性，即借自然山水来调剂过于严整的人工美。岛山在位置上受到限制，便以坡度、局部地形变化和创造不同的气氛来加以突破。前山以突出人工美的建筑为主，后山以曲折、幽深的自然景观为主。从景物布置序列的逻辑来分析，利用前山、山顶和后山的部位处理从寺到塔，从塔后进入仙境的过渡关系；就风景布置类型而论，则是从规则式到自然式的转换。

塔山虽有四面观景，但主要是南面和北面。南面以土为主，用以构成永安寺这组中轴线上的建筑的台地基址，形成三进、四层的台地院落。东西两面的土山交拥居中的寺院建筑，两侧山间又辟山径循石磴道上山。辟山道后山形有所改变。南山因坡缓而山坡上采用"散置"的方式布置山石。有的假山匠师称之为"大散点"。

琼岛掇山以北面最为上乘。因此山陡峭而采用"包石不见土"的做法。它的特色是规模宏大、气魄雄伟、于雄奇中藏婉约，组合丰富而又达到多样统一。山、水、建筑、磴道和树木浑然一体。

假山与建筑的巧妙结合，可以称作此山第三个特点。山中风景建筑与琼岛一般建筑相比，在尺度方面有明显缩小。就以爬山廊为例，宽度和开间都几乎压缩到最小的尺度，以此求得山与建筑比例上的协调，便更具有真山的气概。这里假山和建筑的结合大致可分成三组。第一组是东面北端的见春亭、古遗堂、峦影亭、看画廊和交翠亭。第二组和假山结合的建筑组群包括紫翠房、嵌岩室、环碧楼、盘岚精舍和延南薰。这也是塔山北面的重点处理和主要立面。第三组建筑自西麓进山，包括宙鉴室、酣古堂和写妙石室。

（四）濠濮间和画舫斋的假山

北海东岸有两个自成格局的封闭景点，北为画舫斋，南即濠濮间。这一带的假山以土山为主，孟兆祯认为它们同样设计得十分精彩。查看全园水系后发现，水从北海后门东端引入，穿过蚕坛径直南来。画舫斋做曲尺形方池，以布置建筑为主；濠濮间则突出自然式景色，曲池细涧。以掘池所取之土就近筑山，这里的土山除了范围和分隔空间的作用之外，还与水、建筑、植物组合成多种景观。画舫斋的外围，特别是东北部及南部，与建筑墙垣结合有致，水乳交融。本来山和建筑基本上都起于平地，却有

图 3-23　古柯庭（朱强 供图）

意识地把二者很自然地交织在一起。画舫斋在土山与墙垣的组合方面是成功的。若与那些削平山头或砍断山脚再造建筑的处理方式相对照，优劣自分。画舫斋东北的古柯庭，于小巧别致的建筑庭院中点缀以房山石。"古柯"即古树，在庭院中这棵数人合抱的唐槐下部，以山石作自然式花台（图3-23）。花台向地面低伸则断续以散点山石。近廊处散点的山石又兼作入口对景。古柯庭前东面长方洞门框景内又有石屏如长袖画卷，地锦贴石倒悬。

（五）静心斋的假山

北岸东端静心斋的假山是可以和琼华岛北面假山媲美的上品，却又在意境、性格和情趣方面迥异。如果说琼岛北假山主要是以气势磅礴、雄伟、险奇、神幻见长的话，静心斋则以小巧、细腻、高雅和幽深耐寻取胜（图3-24）。《园冶》掇山篇的书房山一节谓："书房中最宜者，更以山石为池，俯于窗下，似得濠濮间想。"这成为该所宗的要领。园中建筑也应琴、棋、书、画之情而设，诸如韵琴斋、抱素书屋、罨画轩之类，以创造俯流水、韵文琴、发文思和修身养心的环境条件。也正基于这个原因，孟兆祯把这个园子看作北海的园中园处理，而且是山水结合的假山园，在现存的清代皇家园林中十分特殊。

孟兆祯发现，从这块用地的内外环境和条件看，本不是十分理想。例如，北面紧贴喧闹的街市不利于宁静，如何"静心"成了问题，用地南北进深很短：就北部园子来看，东西长约110m，而南北进深仅约70m。这对南北这个主要进深的方向是很不利的。还有就是借景的条件也差一些。因此，如何在闹中取静，如何扬长避短地克服南北进深之弊和争取借景，便

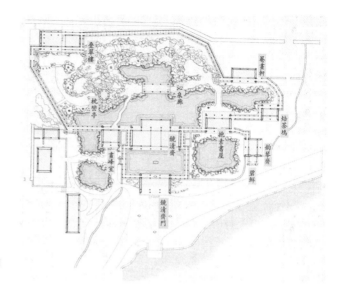

图 3-24　北海静心斋平面图
（资料来源：《北海保护规划》）

图 3-25　沁泉廊及背后的假山和爬山廊（朱强 供图）

成为该园布局成败的关键。总的来看，创作静心斋的假山哲匠正是在这些方面显示了其非凡的才华。此园总的地形趋势取西北高而向东南递降。这主要出于屏障北面的闹市和创造避风向阳的小气候条件，也鉴于水源北进南出的自然流向。近西北端假山做成汇水的溪沟，降水自沟下落形成一湾低沉壑底的深潭。实际上水源自东入园，似有泉出。潭在园之中部收缩为水口，并沿暗设之滚水坝跌落下来，由潭而扩展为池（图3-24）。山池最大限度地利用了用地东西纵长的条件，东西水面几乎延伸到园之东西尽头。

在选择假山组合单元的问题上，孟兆祯认为，作者是煞费苦心的。北面需要有高山屏障，但又不容许过多占据南北进深方向的空间。为了解决这个疑难，其北部选用了"环壁"和"幽谷"的组合。石壁取其可为屏，在东西狭长的方向可以尽情伸展而又省于南北的进深。特别是壁上架廊又加高了屏障的高度，可是并不直接和外界接壤，在壁、廊外侧相距很近的地方又设置以厚而高的宫墙。于是来自北面的噪声大部分由宫墙反射出去。小部分越墙而过的噪声又遇环壁廊高阻而在墙与廊之间回荡，噪声量因受阻而大大削弱，加之园内浓荫蔽日，这就综合地克服了北面的喧哗。

外围既得屏障，园之内部就要在"幽"字上做文章。在假山组合单元中，一般常用的峰、峦都难合"幽"的要求。因此，该园大量采用沟、谷、壑、洞的组合绝不是偶然的。

南北的进深是宝贵的，但也不是绝对不能占据，这取决于得失的比较。如此山北面偏东有两个山洞。以其占南北向一点空间进深的代价，换取了扩大进深感的造景效果，何乐而不为（图3-26）。

枕峦亭是虚中有实的处理。它于低平的空间中突起，轮廓就特别突出。它的位置偏西南隅，山的体量又很适中，既不与中心位置的景物争地位，又循"高方欲就亭台，低凹可开池沼"之理，有力地控制了西南隅的景物。枕峦亭下伏山洞，上辟亭台，凭高可远借北海南部的景色以弥补缺少借景的缺陷。

图3-26　自东向西望水景纵深线（朱强 供图）

叠翠楼是全园制高点，为晚清时期添建。其东有山石室外楼梯盘旋而上，梯口山石又兼做西北边门的对景。梯下山洞上下三通，主体交叉，富于变化。

纵观北海假山，历史悠久，规模宏大，结构合理；细部耐人寻味，更运用了"片山有致，寸石生情"，有真为假、做假成真的传统掇山手法，取得了多样统一的造景效果，是研究我国假山技艺，特别是清代掇山不可多得的实物。该山既是风景，更是文物，孟兆祯呼吁对该园统一管理，妥善维修，把中国园林艺术的民族传统继承下来并且发扬光大。

二、避暑听政

避暑山庄始建于清康熙年间，鼎盛于乾隆年间，是中国古代造园最后一批集大成的高超艺术作品之一，成为北方帝王宫苑中规模最大、兴建时间最长、最富于山林野趣的一座山水宫苑。它印证了中国造园理法中相地和借景理论的正确性和广泛、深远的指导意义（图3-27）。

然而在清末至民国年间，避暑山庄遭到了严重损毁，大量建筑物与植物遭到侵略军及军阀肆意破坏，外加史料浩繁，给文物的保护与研究制造了非常棘手的困难。中华人民共和国成立后经过长年的修缮与重

图 3-27　冷枚绘《避暑山庄图轴》
（资料来源：故宫博物院）

建，湖区大部分景点得以恢复。早在20世纪50—60年代，文物部门及建筑院校师生以山庄为研究对象，开展大量的测绘及研究工作。孟兆祯于20世纪80年代着手山庄研究，克服调研与史料上的困难，带领1978级学生以山区景点为重点开展测绘和复原研究的工作，与宫晓滨教授合作绘制复原图，亲手制作复原模型，并以园林视角对全园的设计理法开展研究，填补了学术空白。他撰写的《避暑山庄园林艺术理法赞》一文和《避暑山庄园林艺术》一书，促进了避暑山庄价值的阐释及文物的科学保护。

（一）有的建庄，托景言志

山庄确有"柔远""宁迹"等多方面的政治目的，但"避喧听政"是经常性和主要的宗旨。作为一所古典园林，山庄也是为了"赏心悦目"的，其不同于一般私家园林的是赏帝王之心，悦皇家之目。同样讲究因物比兴，托物言志，皇家园林是为一统天下的"紫宸志"。孟兆祯认为，不论园名、景名都有"问名心晓"之效，这也是地道的传统。像如意洲上的"延薰山馆"，"延薰"除了一般理解为延薰风清暑外，更深一层的寓意就是"延仁风"。古代的"封禅"活动也是借山岳行祭祀礼的，这实际上是宣扬"君权天授"的思想，康熙常在避暑山庄金山岛祭天，每年于金山"上帝阁"举行祀真武大帝的祭祀活动，以这种活动巩固封建统治。至于反映在总体布局和园林各景处理方面，托景言志，将志向假托于景物中，借景物抒发志向，以景寓政的反映就更多了。

（二）相地求精，意在手先

避暑山庄不愧为相地合宜的楷模，要寻觅既近京师无暑清凉、环境清新，还要反映"合内外之心，成巩固之业"的政治融结力，更要满足帝土"括天下之美，藏古今之胜"的占有欲和日涉成趣的综合要求谈何容易。康熙皇帝自康熙十六年（1677年）首次出巡口外，曾48次率八旗出塞。他相地的方法虚实并举，既考察碑碣又实地踏查。他为寻找理想的用地，不惜用数年时间，跑了几乎半个中国，最后决定建热河行宫为众行宫之中枢。他从相地的面中再相点，并从感性提升到理性。西有广仁岭上耸峙，武烈河由东北折南而贯流，北邻狮子沟天堑，是这片山林自成独立端严之势，周环诸山则以奔趋之势相环抱，有如群臣辅君，并为外八庙对山庄形成众星拱月之势奠定了天然地形的基础。总之山环水贯、奇峰异石、松林苍郁，花草繁茂，相地合宜则造园可得事半功倍之效。

相地不仅选址，借景布局也有所其中了。巧于因借的前提是"精在体宜"，深谙地宜才能布局有章，理微不厌精。以南端爽垲作为宫殿区，既与北京来向的交通相衔而又坐北朝南。高可仰山，低可俯水，前宫后苑，既分隔又融汇一体。

（三）构园得体，章法不谬

理水辅山，山因水活是山庄确立山水骨架的关键。山与武烈河、热河泉、山中泉源、河湄零星水面与北来斐家河、西来狮子沟的径流都是自然的。而合庄外三水经沉淀自流而西于"暖流喧波"进庄，经半月湖再沉淀沿山脚南下而广纳山区诸泉之水由内湖而如意湖、澄湖、上湖，从水心榭跌入下湖、镜湖、银湖，从二湖南端闸门合流出庄而回归武烈河，形成与山相衔，纵贯山庄的完整水系。扩展湖面，布置堤岛都是人工再造的水景（图3-28）。由于遵循"有真为假，做假成真"的传统理念，而确实达到了"虽有人作，宛自天开"的艺术境界。

皇家园林"一池三山"之制贵在一法多式。孟兆祯发现，山庄之岛将岛堤相融，若灵芝仙草自衔接宫区的"万壑松风"坡下成为生长点，菌杆分叉而长出三个菌体，宾主之位分明，顺序为如意洲、月色江声岛和环碧岛。康熙问名"芝径云堤"，湖中堤岛表达诗的意境，实符其名。以实用而论，如意洲布置宫寝、观剧和游览的园中园，这里承接沿松云峡下滑清新冷凉的空气，构成混浊的热空气被自山向下滑的新鲜清凉所取代的大气环流，而且周得环景。月色江声岛取其静而可用作观书习画等安静休息之所。环碧作为水陆相衔的起点，数椽小筑观山俯水。圆明园以"九州清晏"象征"普天之下，莫非王土"，山庄根据地宜却以山地、草原与湖泊水乡反映大好河山。磬锤峰为山庄得景焦点，而庄内布局为集锦式的。在集锦式的基础上还有三个湖区主要的景点：一为康熙时仿镇江金山的小金山，二为仿浙江嘉兴的烟雨楼。小金山借其地宜据有金山"万川东注，一岛中立。波涛环涌，丹碧摩空"的特点。形胜某些共有的因素制宜地发挥，以精小、紧凑的建筑布局包裹小金山，体现了金山"寺包山"的结体。形异神似，颇有创意。而乾隆时期兴建的烟雨楼也成功地捕捉了烟雨楼湖中孤屿和高楼挺立的景观特征，移情在比原作小数倍的人工湖岛上，又借湖面清晨水汽蒸腾构成塞外雾景，使人观赏到从烟雨楼朦胧的晦涩逐渐转变为雨过天晴的清朗过程。巧于因借达到了"臆绝灵奇"的至高境界。

（四）因山构室，其趣恒佳

山庄之精华在山区，遭破坏的景点都有遗址可寻。孟兆祯结合复原图

1—丽正门；2—正宫；3—松鹤斋；4—德汇门；5—东宫；6—万壑松风；7—芝径云堤；
8—如意洲；9—烟雨楼；10—临芳墅；11—水流云在；12—濠濮间想；13—莺啭乔木；
14—莆田丛樾；15—苹香沜；16—香远益清；17—上帝阁；18—花神庙；19—月色江声；
20—清舒山馆；21—戒得堂；22—文园狮子林；23—殊源寺；24—远近泉声；25—千尺雪；
26—文津阁；27—蒙古包；28—永佑寺；29—澄观斋；30—北枕双峰；31—青枫绿屿；
32—南山积雪；33—云容水态；34—清溪远流；35—水月庵；36—斗姥阁；37—山近轩；
38—广元宫；39—敞晴斋；40—含青斋；41—碧静堂；42—玉岑精舍；43—宜照斋；
44—创得斋；45—秀起堂；46—食蔗居；47—有真意轩；48—碧峰寺；49—锤峰落照；
50—松鹤清越；51—梨花伴月；52—观瀑亭；53—四面云山。

图 3-28　避暑山庄总平面图（资料来源：改绘自《中国古典园林史》）

　　或模型加以推敲，充分印证了乾隆在北海《塔山四面记》里所总结的名句
"因山构室，其趣恒佳"。

　　山区景点首推山近轩。无论从松云峡上山或从斗姥阁广元宫下来都
会发现藏在山林深处而与山相亲的山近轩（图3-29）。虽藏深山，山近

图 3-29　山近轩复原鸟瞰（资料来源：《避暑山庄园林艺术》）

轩却与古俱亭、广元宫等构成山林园林建筑组群，互成俯仰借景。其建筑依山坡随遇而安而不拘于正南北之朝向。西南为了保持谷涧照流的自然资源，作高金刚座石桥跨谷与广元宫衔接。山坡麓与松云峡来向相迎，南坡道承接斗姥阁来向。山庭就山势分为坡麓、坡腰、坡顶三部分，由缓至陡。南门殿引入由清娱室、山近轩和延山楼底层组成的山庭。而延山楼向南出外向半圆形平台与簇奇廊升高的内庭共同构成坡腰内外向的景观。坡顶因陡而成窄带状排列，由平置的养粹堂而陡升至古松书屋，因顶狭而屋小，后山院东南有后门引出。山近轩不仅没有破坏山坡，却更增添了山势变化。

碧静堂在入松云峡的左侧，是一处坐南朝北，两溪谷夹一绝巘。似为不可建筑之地却因难而得（图3-30）。整体取倒坐，顺山脊为轴，门殿和主体碧静堂并不追求中对中，而是随山势偏倚。石板桥自东北跨谷抵巘脚，顺脊折上。山脊无足够面阔作宫门，便以亭代门。西北谷低处架净练溪楼，临溪越地，虚阁堪支。东南部松林山壑借以起松壑涧楼。短廊衔门殿而分三道。西以跌落廊低就净练溪楼，东有小石径过谷而达松壑涧楼底层。中路南上通坐镇的碧静堂。堂东以爬山廊衔接松壑涧楼楼层。西以爬山廊连静赏室。建筑间以廊和路相衔，再以宫墙合凑形成内聚之势。布

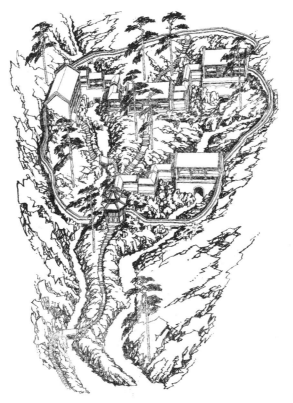

图 3-30　碧静堂复原鸟瞰
（资料来源：《避暑山庄园林
艺术》）

局紧凑而不拥挤，建筑因山落脚，高低组合有致。巧于借阴坡山林地阴凉静谧之境，精于与山林融汇一体，饶具阴坡风景特色。由此再西行便可到达玉岑精舍。北有高岩奇松，山涧自北而南泻成瀑，南有沉谷汇溪西去。这里裸岩如玉，精舍数间。先于松岩高处立贮云檐，虽尺度不大却因高而控全局，山泉穿流下落为瀑，南向沉谷南岸相对位置倒坐小沧浪，二者俯仰互借。小沧浪东有因承接宫门而成东西向的玉岭堂，西有积翠、涌玉二亭。从小沧浪出跌落廊连贯东西。涌玉因跨沉谷而呈十字形平面。亭北有爬山廊从西递层而上与贮云檐相通。宫墙只需自东面顺坡而下，跨沉谷，连门殿而合抱玉岭堂南墙。真足"精舍岂用多，潇洒二问足"（《钦定热河志》），巧于因借，精在体宜。

　　由榛子沟西进北折入山，可以寻觅到秀起堂的遗址（图3-31）。东西向的山涧将北峰南岭自然分隔为南北两部分。东北一山涧又将北部分为东西两部分，名为云膴松扉的宫门引入即遇陡坡而呈曲尺形急转而上。到南

图 3-31　秀起堂复原鸟瞰（资料来源:《避暑山庄园林艺术》）

岭之敞厅后回折而下与东南隅之经畲书房相连。再北折西转而至居低拔高之振藻楼，以上这一段为外墙内廊的墙廊结构。由振藻楼向北西转都是沿秀起堂南之高台依台而起的半壁廊。入绘云楼穿底层而上经三层错落的台引向独立端严的秀起堂。宫墙仅合围堂之东、北、西三面，西有后宫门。返回时由绘云楼自然地从石拱桥跨溪流而抵宫门。路线明晦相成，极具山林起伏深浅之变化。

从山坡建轩的山近轩、绝巇座堂的碧静堂、沉谷架舍的玉岑精舍（图3-32）和据峰为堂的秀起堂，可得因山构室的要理在于巧借山林之异宜，需陈风水清音，休犯山林罪过。就总体而言，人工服从自然，局部而言也要适当改造以符建筑要求。建筑物要先化整为零，再集零成整。因境选型，随遇而安。从山林空间尺度确定建筑尺度，从山的性格寻觅建筑物的性格。再顺山势辟路贯连，围墙合凑收圈。山林情缘易逗，园林意味深求。孟兆祯在文中感慨道:"我辈当继往开来，与时俱进，山庄园林艺术功在千秋。""我仅以从山庄学到的心得体会聊成此文，略表后辈敬仰之心。"

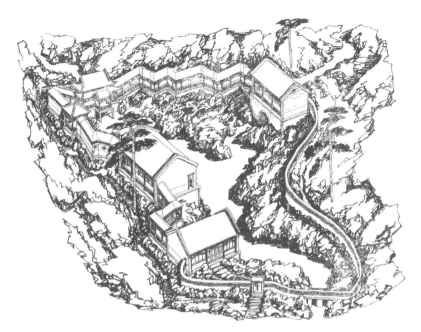

图 3-32 玉岑精舍复原鸟瞰（资料来源：《避暑山庄园林艺术》）

参考文献

陈辞. 艺术巨匠董其昌[M]. 石家庄: 河北教育出版社, 2015: 151.

辞海编辑委员会. 辞海地理分册历史地理[M]. 上海: 上海辞书出版社, 1982: 140.

笪重光. 画筌[M]. 北京: 人民美术出版社, 2016.

郭黛姮, 张锦秋. 苏州留园的建筑空间[J]. 建筑学报, 1963(3): 19-23.

李德身, 陈绪万. 唐宋元小令鉴赏辞典[M].西安: 陕西人民出版社,1992: 424.

刘敦桢. 苏州古典园林 [M]. 北京: 中国建筑工业出版社, 1979: 312-443.

孟兆祯. 避暑山庄园林艺术 [M]. 北京: 紫禁城出版社, 1984.

孟兆祯, 陈云文, 李昕. 继往开来, 与时俱进: 中国工程院庭院园林设计[J]. 风景
    园林, 2007(6): 38-45.

孟兆祯. 孟兆祯文集: 风景园林理论与实践 [M]. 天津: 天津大学出版社, 2011:
    23-34.

孟兆祯. 园衍[M]. 北京: 中国建筑工业出版社, 2012: 14.

吴世常, 陈伟[M]. 郑州: 河南人民出版社, 1987: 127.

奚昌大. 中外文艺家论文艺主体[M]. 长春: 吉林大学出版社, 1988: 65.

第四章

从来多古意，可以赋新诗：
孟兆祯设计实践

图 4-1　孟兆祯讲解设计理念
（孟兆祯工作室 供图）

　　孟兆祯时常强调，风景园林学科以规划设计为核心。通过设计实践不断探索中国传统园林的传承发扬之道是孟兆祯学术思想的重要组成部分，本章遴选孟兆祯1983—2021年最具代表性的9项设计实践，阐释其"借景"理法、"以借景为中心的中国风景园林设计理法序列"等学术理论成果在实践中的具体运用，展示此理论应用下获得的显著成果。30余年来，孟兆祯始终坚持借景设计理法体系的探索与实践，注重乡情与地方文化的挖掘与表达，追求满足人民大众同游共享的理想仙境。我们可以从1985年的深圳仙湖风景植物园中看到上述追求，也可以在2017年的"琼华仙玑"项目中得到见证，正如他在第二章第一节中总结的，风景园林注重综合效益、景面文心、巧于因借与景以境出，这四个注重不仅是他在实践中一以贯之的原则，也是其风景园林学派思想在实践中的鲜明特色。

第一节

仙湖芳谱——深圳仙湖风景植物园

深圳仙湖风景植物园坐落在梧桐山西北麓，位于深圳市的东北部。1982年孙筱祥教授主持规划设计工作，1983年由孟兆祯主持总体规划设计工作（图4-2），白日新和黄金锜分别承担园林建筑施工设计和结构施工设计工作。全体设计人员通力合作，于1987年完成主景区（湖区）设计（图4-3），1992年又应植物园之约进行了其他的景点设计。该设计项目荣获1993年深圳市优秀设计一等奖，后又获1995年建设部优秀园林设计三等奖。

一、明确园旨，相地合宜

孙筱祥、孟兆祯等专家一致认为，要建设一座具有中国园林传统特色、华南地方风格和适应社会主义现代生活需要的"风景植物园"，于是该园的性质确定为：以风景旅游为主，科研、科普和生产相结合的风景植物园。

孟兆祯认为，相地有两层意义：其一是选址，原址缺少水源和植被基础，基本上不具备建设风景植物园的条件。经时任园林公司园林科科长的冯良才先生推荐，设计团队发现了梧桐山背海面山的一处风水宝地。梧桐

图4-2　孟兆祯（左四）在深圳研讨规划方案（深圳市北林苑景观规划设计有限公司 供图）

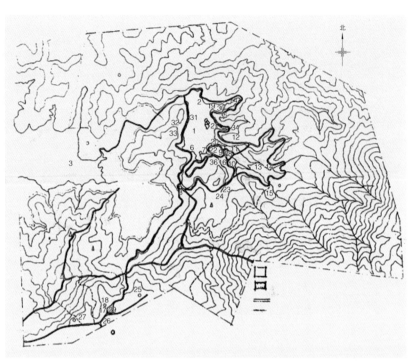

1—仙湖；2—仙渡；3—深圳水库；4—水生植物园；5—药洲；6—钓鱼台；7—乡渡；8—两宜亭；9—棕榈园；10—苏铁园；11—竹园；12—荔枝园；13—百果园；14—仙泉；15—仙池；16—莲花池；17—汽车总站；18—管理处；19—野航；20—竹苇深处；21—玉带桥；22—锁龙桥；23—阴生植物区；24—客舍；25—苗圃；26—大门；27—家属区；28—小停车场；29—停车场；30—水景园；31—悬亭；32—听松阁；33—裸子植物区；34—盆景园；35—大鹏展翅；36—蓑衣亭。

图4-3　仙湖风景植物园总平面（资料来源：《园衍》）

山是地方的镇山，新安八景之一，这里山高入云，峰峦竞翠，谷壑争流，山林野趣横生，兼有大地形与微地形的变化，山中溪流奔涌，终年不涸，葱郁的林木和奇花异果，兼有裸露的岩石。

其二是因地构园。此地原本无湖，只有山间一块"大山塘"，于山之隐处筑坝，储山溪汇水成众山环抱的湖面，形成主景区，沿山腰和一些小山头布置景点，内向有心，外向可借，集中与分散结合，因山构室，就水安桥，组合成一座写意自然山水园。根据地域性植物条件，选择具有代表性的植物构成景区划分的骨架，而不完全受植物进化和分类的约束。

二、巧于因借，精在体宜

孙筱祥因梧桐山"凤凰栖于梧桐，仙女嬉于天池"的仙女传说，将园名定为"仙湖"，"仙"即人们对美好的理想追求，把园内环境装点得犹

图 4-4 "竹苇深处" 实景图（深圳市北林苑景观规划设计有限公司 供图）

如向往中的仙境。借不涸之山溪蓄水为湖。在仙湖东侧设长岛增加水景变化。植物园有药用植物展示的内容，华南古代名园"九曜园"有"药洲"一景，药洲寓仙意，孟兆祯因借以上机宜，将该岛命名为"药洲"。

湖区东南高处有长岗横出，路绕岗而迂回，将岭南地域代表性植物——棕榈科植物安排在湖区东南面低山上。其北宽广的谷地上接山区，下临湖水，为湖区注目所在。谷地上竹、苇丛生，取"竹深留客"之意，问名"竹苇深处"，是为湖区主景（图4-4）。

山地造盆景园，学习避暑山庄山区建筑"因山构室"之法，组成互为对景又合为一体的园林建筑群，采光条件好的一面布置树桩盆景展室，名"缩龙成寸"。相对一面的坡地做山水盆景展室，名曰"卷山勺水"。

植物园展览有水生植物，借仙湖东岸最北山谷曲折多变之因，采取山谷分段截水之法，形成不同水位、不同深度的水生植物展览区，岸坡自成植床，为水生植物创造了良好的条件。

在湖中设岛，形成山环水、水环岛之势。因云雾又得虚无缥缈感，平添仙意。以少胜多地安置一个透迤曲折的长岛低贴水面，位置居偏，却引人注目，与周岸环境皆有协调和相互成景的关系。

三、因地成景，组合成章

造园有布局，风景区也有布局，只是风景区已具风景骨架，不可随意挪动，而应顺其自然之理进行布局。仙湖是在梧桐山的环抱里造园，一方面应据植物园分区内容和主要景点按因借之法选合宜的位置，使之各得其所。另一方面也要先立山水间架，而后施润饰细作。溪流是真的，仙湖是人工的，而只要遵从"疏水之去由，察水之来历"便可以进行分流、汇集、改水形等人为的艺术加工。最后将山水、建筑、园路、场地和植物山石等组合成一个整体，起、承、转、合，章法不谬。

四、运心无尽，精益求精

仙湖初步建成开放后，得到同行和游客及许多领导人的广泛赞许。1992年春，邓小平同志和杨尚昆同志来视察，也称赞这里环境优美。植物

园后来又委托孟兆祯项目团队完成其他单项设计。原规划方案中，西岸松柏区的制高点上设计有"听涛亭"，但设计人员并未攀上顶峰进行实地考察。后来由时任深圳市仙湖植物园主任陈潭清和时任北京林业大学深圳分院院长何昉陪同孟兆祯登顶踏查，发现此地可极目远舒，令人心境顿开，孟兆祯决定改亭为阁，名"听涛挹爽阁"。松柏区入口处，本拟开山，出于保护自然山水资源的目的，将入口南移退西，与两宜亭一明一晦，交相生辉（图4-5）。

第二节

林泉奥梦——北京奥林匹克森林公园假山

"林泉奥梦"假山项目位于北京奥林匹克森林公园南园主山。2005年，经中国风景园林设计中心端木岐同志邀请，孟兆祯投入到该假山的设计工作，发挥了重要作用（图4-6）。孟兆祯强调中国传统园林中的堆山理水师法自然。该假山以"林泉奥梦"为景题，山名为"呢喃山"，湖名为"奥湖"。设计将原有的直沟改为蜿蜒而下的溪谷，以减少山洪地面径流的冲刷；以奥梦洞为重点，众泉自各处汇为一潭，寓"世界各国健儿汇聚于此"；循"玉宇澄清万里埃"之意，将潭问名"澄潭"，寓"同一个梦想"——和平；石壁镌刻"异域同天"，以表示"同一个世界"。该项目先设计模型，按模型施工，便于控制尺度、形象示意。这是有所创新的设计方法（图4-7）。

2008年北京奥林匹克运动会的主题是"同一个世界，同一个梦想"，孟兆祯在假山的问名与立意方面进行了大量的工作。他认为，作为奥运会的重要配套，假山的景名应是同主题下的衍生，因而借鉴北宋郭熙山水画创作的《林泉高致》，将其问名为"林泉奥梦"，并在此基础上探索了相关景名与景意的表达。

"同一个世界"，世界各国人民共戴一天，用中国传统文学"异域同天"一词表达，概括世界人民共同依赖一方天地，和谐共享的寓意。因此，借鉴中国园林传统造景方式——摩崖石刻，把"异域同天"四个字刻在石头上彰意。假山洞口安装喷雾装置，控制粒径形成人造的虹，虹有着"梦"的色彩，与"奥梦"的主题统一。

"同一个梦想"，奥运会提倡和平，历史上奥运会停办都是在战争年代。中国在国际上一直提倡和平，因此孟兆祯认为2008年北京奥运会主题的"梦想"首要的就是对"和平"的追寻。如何用山水象征和平？孟兆祯巧妙地借毛泽东"玉宇澄清万里埃"的诗句进行表达。该诗句既有山水，又描绘出天下太平、万里无尘的和平境界，因而将"澄"借来问名，将假

图4-6 孟兆祯(左二)在施工现场指导(孟兆祯工作室 供图)

图4-7 孟兆祯（左一）制作假山模型(孟兆祯工作室 供图)

图4-8 山溪汇聚于"澄潭"（资料来源:《园衍》）

图4-9 山溪中段用石岗分水（资料来源:《园衍》）

山的水潭命名为"澄潭"（图4-8），呼应世界和平的梦想。

"林泉高致"之名取自北宋画家郭熙的画论名篇，叠瀑于"仰山"的西南余脉，景区环境相对幽静，设有三潭两峰，假山溪随山势形成一条溪涧瀑流，蜿蜒曲折，全长约370m，此处为活水源头，清流顺势而下，山溪中段利用石岗分水（图4-9），自北向南汇入"奥海"，构成山水相依的空间格局。

假山山石层叠，水流蜿蜒，落差20多m的景观中泉、潭、溪、瀑一应俱全，人们在游览中移步换景，不仅能体验蜿蜒曲折的山石路，还能享受亲水、戏水的乐趣。

第三节

盛世清音——第九届中国（北京）国际园林博览会假山

山水心源设计院承担了2013年中国（北京）国际园林博览会的总体设计和中国园林博物馆内外山水环境的设计任务。2012年初夏，时任院长端木歧邀请孟兆祯承担北京园假山的设计任务。端木歧再三强调，不要着急，没有时间限制，慢慢做。孟兆祯领会到设计质量第一的要求，不急功近利出糙活，而是追求慢工出细活（图4-10）。

此地何宜？孟兆祯认为，场地的山水环境自天而成，宏观上拥有太行山、永定河的自然山水格局，石景山和鹰山作为太行余脉对峙于东西两岸，在山环水抱的大环境中寻觅瀑布假山的意境和地形物境。这里原来是永定河西岸的垃圾坑，尺度大，深度大，经过初步填埋把高差降为16m，土山谷中汇水，自山上下跌为瀑布。孟兆祯将其问名为"盛世清音"，以水来"广润苍生"。凡有生命的生物都要水来滋润，还有一个新意就是响应北京市政府提出的"化腐朽为灵奇"的要求。其如"上善若水""无弦水乐"之类的传统诗意，也都可作为摩崖石刻布置，有了统一的诗境就可以融会多样内容。有道是"有真为假，做假成真"，太行山总体浑璞磅

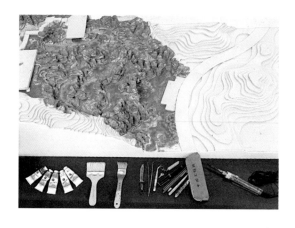

图 4-10　孟兆祯制作的"盛世清音"假山模型（陈丹秀供图）

图 4-11　主洞端严，次相辅弼（孟兆祯工作室 供图）

礴，但雄中有秀。心中之山必然是大气磅礴、雄中见秀，不是江南玲珑别透之秀，而是房山、黑水潭、樱桃沟之秀。不以石皴取空灵，而以石洞涵空灵，石洞要有深远的特色，水从洞顶跌落而下。这其中必然又外师广西"德天瀑布"、阳朔三向石洞之造化。孟兆祯为此将总高度划分为三段，山上落差3m，山腰落差5m，流程长而高差小，水势必缓，宜作递层跌水而下。将山脚作8m高差的陡崖处理，先立主洞，借崖而起，独立端严，再以岩洞辅弼主洞（图4-11），主次分明而又相依一体。山洞人化之处在于虚胸襟以求吸纳万物，渊源深远而流之不竭。南边层跌多重，北边却一弯滑落，性格相异而合为一体。

　　山的结构是"土山戴石"，先要在第一次地形设计的基础上进行第二次土山设计，主要是深化、曲化山谷并回折山坡抱谷，务必将瀑布假山嵌入土山谷中。借土山以为共鸣箱，以谷线汇水流，降水时自成排洪水道，土山、石山都要林木深蔚，水草丛生，生机盎然。

　　从胸中之山到眼中之山，从眼中之山到手中之山。总工程量约1.1万t的石材，唯用烫制石山模型才能完成设计任务，再由假山师傅据模型空间结合实地、石材变模型空间为实际山水空间（图4-12）。这在传统掇山工艺中是承前启后，与时俱进，是有所创新的（图4-13）。

　　古代传统假山模型是示意性的，不能指导施工，而统一于假山师傅抒发胸中所蕴。为了追求尽可能逼真和重量轻、易于搬运，孟兆祯用电烙铁烫聚苯乙烯酯，表面质硬如石，这也是与时俱进的创新设计工艺。

图 4-12　孟兆祯在施工现场指导（孟兆祯工作室 供图）

图 4-13 "盛世清音"假山实景（资料来源:《园衍》）

第四节

花圃听香——杭州花圃

杭州花圃位于西湖西畔，杨公堤以西，洪春桥南黄泥岭以东，占地28hm²，始建于1956年，原是一处以生产、保存各类花卉、盆景的花圃，随着时代发展，为了满足社会需求进行更新，孟兆祯主持了该项目的规划设计。

一、项目定性、定位与问名

项目设计明旨方面，明确将原城市生产绿地发展为城市公共绿地。其定性由原来的以生产科研为主、游览为辅的城市花圃转变为综合花卉展示与游憩休闲的城市花园。名称由杭州花圃改为杭州花园，使名实相符。

二、相地

孟兆祯总结了场地的优劣势，其优势如下：

（1）区位上乘。此地居西湖风景区中心西缘，西湖西进扩展水域首当之处。东有杨公堤车行道，西邻龙井水上花园、郭庄，形成水、陆双游线格局。

（2）西借南山两高峰，北有栖霞山为屏，山环水绕的宏观环境为借景提供了优越的条件。此处为西湖西部山区的冲积沉积的缓坡地，西高东低，与西湖水系的流向一致。在淤积土中尚保存有零星水面，具有扩充水面的潜质和人造微地形变化的基础。

（3）钱塘江引水可引至该园西南角作为补充水源，有改善水质和创造动静交呈水景的基础。

（4）该园已有盆景园、兰园、玫瑰园婚庆活动场地，有桂花夹道、广玉兰路和茶花广场的建设成就；又有小隐园、天泽楼史迹的文化积淀。西湖西进总体规划在金沙涧中又辟小洲，兴建眺望双峰插云的观景楼等内容，为该园的发展创造了有利的总体关系。

（5）杭州风景名胜区管理局、杭州园林设计院、杭州花圃对花圃的发展极其重视并具求实作风。

场地的不足之处如下:

(1)由于坡长过大,地形上下起伏并不明显。有互不贯通的零星水面,下接地下水而地面上不疏通,使水体自净能力差,且水景景观并不突出。

(2)原为生产性花圃,道路横直相贯以便捷为主,缺少自然迂回的变化。

(3)盆景园、兰园等原有建筑建设年代较久,数十年前的纯展览性内容不能适应社会生活的实际需要。对游人的吸引力不强,土地资源利用有很大潜力未发挥。

三、布局

西湖西进的项目宜以水为本,挖出的土方就地筑山平衡而无须外运。把原来从西面山上冲蚀下来沉积的淤土疏浚出来用于人工筑山,以西面山林为主体,向东衍生余脉。于西入口尽端和西南引水点两处筑山,结构都是土山戴石,以土为主,主要作为种植床布置木本和草本花卉。就造山理水的艺术而言,山有回接、环抱之势,兼得"三远",岗连阜属,脉络相贯。山花溪落至11.5m的高程衔接汇芳漪,并以此水位北延至鉴芳湖,自鉴芳湖东部逐级跌水,至菰蒲水香水位达到8.2m。汇芳漪从东端水汊也逐级跌落与东面之水相衔接(图4-14)。

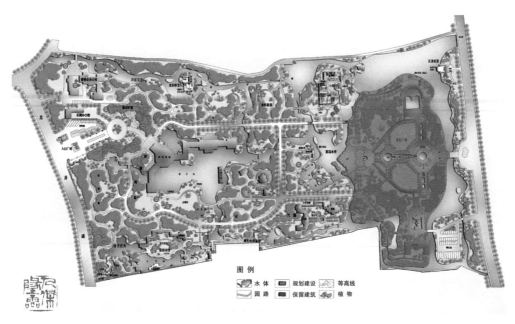

图4-14 杭州花园总体设计总平面图(资料来源:《园衍》)

布局是以集锦式为主，"地久天长"为中心景区。道路保留桂花路和广玉兰路，在西南环线上做小改动。次路在尽可能利用原道路的基础上做自然式园路处理，成为三小环连接的大环(图4-15～图4-17)。孟兆祯在园中设计的"金涧仰云"（图4-16）、"岩芳水秀"（图4-17）等景点，受到广大游客的喜爱，并已成为该园的标志性景物。

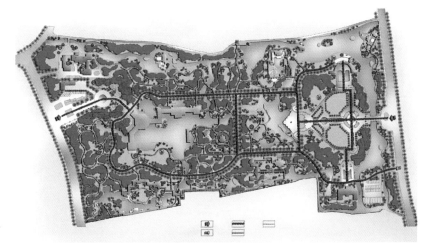

图 4-15 杭州花园
总体设计园路系统
（资料来源：《园衍》）

图 4-16 金涧仰云实景（陈云文 供图）

图 4-17 岩芳水秀建成
实景（资料来源：《园衍》）

第五节

天工开物——北京中国工程院庭院

坐落在北京德胜门西北的中国工程院综合办公楼定案施工后，深圳市北林苑景观及建筑规划设计院与孟兆祯工作室组成的联合体承担了其庭院环境的设计任务。该设计遵循"天人合一"的宇宙观和文化总纲，强调"人与天调，天人共荣"的理念，并落实到城市环境的协调统一。设计坚持学习、继承、发展中国风景园林艺术理法，并结合现代社会生活需要，探索实践了《园冶》中计成哲匠提出的理论"时宜得致，古式何裁"。

一、相地与立意

首都规划建设委员会办公室批准该工程的建设用地为13922m²。这里原是北京德胜门西北护城河北岸的一片台地，用地坐北朝南，居高临下，仰观德胜门古城门独立端严之风貌，俯视北护城河碧水东流之北京风情。中国工程院依附在德胜门西北而自成独立之空间，工程院四周环境空间之大要可概括为：南敞、北狭、西寂、东喧。院主要入口和大门均为面北反坐。北墙仅一单行车道之隔设栏杆围墙与外分隔。南面虽不直通外界，却是办公楼之主要入口，以建筑立面等处理加强了建筑主入口的地位，楼前有一片宽敞的场地。建筑西面隔停车场和支路与其他单位相邻，相对而言是寂静的。东面则是立交桥高踞的德胜门外大街，车水马龙，喧闹所在。

用地最特殊之处在于地形有高下的变化，孟兆祯提出，设计要尽可能"彰瑜掩暇"，东、南、西三面造自然山林之大壑，将地形高程最低的南门广场三面围合成翠林覆盖的山坞，以大面积人造自然山林平衡和掩映庞大的建筑。作为室外环境园林专项建设，务求对内要与中国工程院的主体建筑相协调，对外要与四周外围环境平顺相接，既是独立单位空间，又要与四周和谐相处（图4-18）。

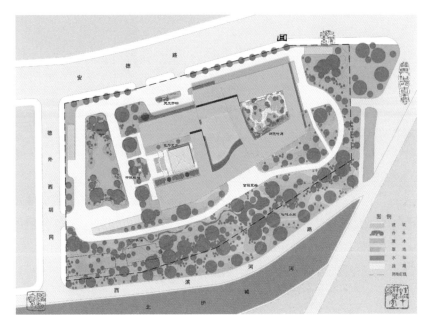

图 4-18　中国工程院庭院园林设计平面
（资料来源：《园衍》）

二、布局

楼定则大局已定。从专项布局的角度讲，还要划分景区和重点设计几个景点。

（一）主楼南门前庭院

建筑南立面面阔110多m，显得尺度很大，景观也缺少绿地的衬托和掩映。从这几点看，要尽可能在有限的土地资源条件下扩大绿地面积、绿量和绿视率；利用、整合被人工切割、不完整的现状地面，因高就低，从东面两侧以人造自然坡岗逶迤而下，两面交互为"坞"；借以协调过于高大的建筑立面和相对增加缘地面积（土山坡面积大于占地底面积）且以北京地带性植物为主绿化，将人工平坡改造为"平冈小坂"的自然地形。高下起伏、自然曲折，加以植物掩映，形成翠岗交互环抱、左右逢源的自然山林环境。建筑南出口设广场、水池，池台石栏可坐（图4-19），西有置石镌刻"甘霖复始"字样。

（二）北门区

建筑北面入口为避北京的西北风而向西开门。门外以四高柱面北引

图 4-19　主楼南门前庭院
（高寒 供图）

图 4-20　中国工程院院标石扉
（高寒 供图）

图 4-21　孟兆祯参与施工
（孟兆祯工作室 供图）

路，自西而东构成扁圆的环路引入建筑。四柱下有宽约5m、长逾10m
的绿带可借以为自然山石影壁，面北的石面可作为中国工程院的院标
（图4-20、图4-21）。鉴于自然山石与建筑高柱难于结合，便将院标石扉西
移至小环路进入的西口，既可标识，又可导向，还兼作庭院北入口对景。

（三）西花厅

西花厅是办公楼向西引伸出的独立小厅，造型新颖别致。西花厅面西，宜有相应的对景。因此调整了道路与绿地的关系，使对景有足够的地盘施展。西花厅出口地面比对景用地高出约80cm，引石阶，置小石灯，下达对景假山。利用假山水景蕴涵欲表达之意境。这块地面南北向面阔16m，东西向进深14m。石栏围合东面，栏下水池名"布衣沼"镌刻石上，有"浣阶"数级由此引入池。以砧石伸入水面，有若拳杵砧衣的环境。其西，以顽夯之湖石起假山一卷，名"中流砥柱"，以合"平凡院士，栋梁砥柱"之意境。

（四）二期建设工程备用地

这里的建筑容积率不宜再提高，建议作为绿化停车场。有两种设想：一是以约2m高的带状土阜自然合围，在山林浓荫中设停车场，约可停车30余辆。二是作净空约为3m高的钢筋混凝土整体花架，种植中国地锦和美国凌霄攀缘覆盖，约可停车58辆。数十年后地锦借吸盘贴柱而上，而凌霄又借地锦而凌空覆盖，已成"玉龙凌霄"之景。

（五）内外庭院

共有内庭两处，外庭一处。建筑东部二层楼有一面积约700m²的露天庭院，四周为走廊和办公室外窗。因地近德胜门，内庭问名"尚德庭"。主要功能是为工间休息时间及业余时间提供小型体育活动、散步、会晤恳谈之所。屋顶地面做防水处理，地面水排向四周的边沟，沟以砖盖上口。平面划分循传统，学篆刻艺术让心、把角、占边之布局手法，以院为方寸之石，俾求有所"宽可走马，密不容针"的平面构成。

第六节

赵苑雄风——邯郸赵苑公园

邯郸是一座历史文化底蕴深厚的城市，距今已有3000多年的历史。战国时期为赵国都城，西汉时为全国五大都市之一，历史悠久，文化积淀深厚。赵苑园址位于联纺路以南，京广铁路以西，园内有插箭岭、梳妆台、铸箭炉等文物古迹，并建有九宫城、成语典故园、十二生肖园等景点。

园内原状布局零乱，主题混杂，缺乏整体感，文物古迹多已残破不堪，极需整合；树种单调，生态效果不佳。

一、定位问名与立意

孟兆祯认为，此园在城市绿地系统中属于公共绿地的类型，而且应该是邯郸市中心公园。尽管此地有大北城的部分土城遗址，梳妆台、插箭岭的遗址比较确切，但还有些历史情况不清楚。因此作为古代的苑来复原缺乏科学和艺术的历史依据，不可能也不必要。而作为有历史文物古迹的现代公园是现实的。从总体看，梳妆台当是为公园立意："人与天调，茹古涵今"，创造具有中国特色、紧密结合现代社会生活的需要并体现邯郸地方风格的城市公园。

二、布局

孟兆祯着力塑造了该自然山水园的间架：用地内有丘陵台地高矗，也有低洼下沉地带，具有山水园的地形基础，按"独立端严，次相辅弼"的主次顺序，先把梳妆台的形胜树立起来，采用"据峰为台"的做法，按古代当时"明台高堂"之制，在山顶上立起高约9m的包石填土台。插箭岭和北面的小山就呈客山之势向主山奔趋。北门对景改假山为树坛（图4-22）。以土山中隔，向南北两面回抱，山上植树群，乔、灌、草一体。"茅沼消夏"以钢筋混凝土塑山为更衣室，更衣室北接土山，逶迤而下。再生水自西北来。引水自西面偏北入园。照眉池设计水位为59.5m，池底标高为57.5m（图4-23）。

图 4-22 赵苑公园平面图
（资料来源：《园衍》）

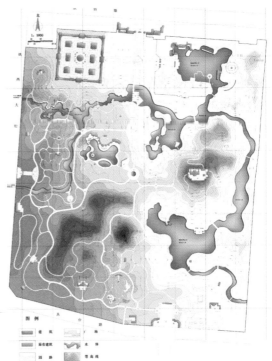

图 4-23 赵苑公园竖向设计
（资料来源：《园衍》）

图 4-24　赵苑公园南门（资料来源：《园冶》）　　　　　　图 4-25　赵苑公园园路（高寒 供图）

公园分为历史文物遗址保护区、历史名迹开放区、新建文化休息游览区、公园管理区与门区（图4-24）。

园林建筑布置结合创造赵苑八景：妆台梳云、骑射嘶风、银发松寮、童心花圃、茅沼消夏、林樾宿芳、百花弄涧、陶心嗟艺。

三、园路

破除原来南北和东西轴线十字形、丁字形交叉的整形式道路布局，建立了自然式道路布局的体系。园路与地形的关系不是园路切割地形，而是路随地形而高下回转（图4-25）。园路与水面相邻处，不是一味地近水，而是若即若离，重逢如初见。

四、植物

遵循适地适树的原则，根据地带性植物分布的区系，反映北温带南部植物群落景观，选用适宜树种，充分体现北温带植物景观风貌，该园地形设计已有溪、涧、池、湖和湿地、坡地、谷地的生态环境，要选与之相宜的植物种植。采取因地制宜，借景而植，巧于因借的艺术手法。主要是自然式种植，孤植、丛植、群植各得其所。

第七节

琼华仙玑——第十届江苏省（扬州）园艺博览会"园冶园"

"琼华仙玑"项目是第十届江苏省园艺博览会的标志性展园，位于博览会的核心展区，占地面积约为5.91hm^2。

一、意在笔先，明旨立意

该园不仅是2018年第十届江苏省园艺博览会扬州仪征的室外展园，未来将保留作为2021年扬州世界园艺博览会的扬州园。

仪征是计成《园冶》成书之乡，建设方将其初名为"园冶园"。孟兆祯认为，该园不应停留在纪念计成著书的表面，而应将《园冶》的价值具体而清晰地展示出来，将《园冶》的经典理法运用到造园实践，才是对《园冶》千秋之功强有力的宣传。作为未来面向国际的展园，该园设计还要将中国特色、扬州地方风格与仪征乡情融为一体。

二、迁想妙得，化意为象

孟兆祯借助该园所在扬州的文化之宜——独一无二的"琼花"文化和场地用地之宜——似圆非圆的小岛可比兴"玑"的仙意，将该园命名为：琼华仙玑。

三、相地合宜，不宜化宜

用地是典型的"江湖地"，但地形平坦无起伏，缺少高下、俯仰和向园外借景的条件，因此，必须人为地改造自然条件，使其满足现代展园的功能需求和游客不尽欣赏的精神需求。于是，创造人工自然山水，将"江湖地"丰富为"江湖山林地"。

四、布局谋篇，大事成于细

（一）因山就水——总体山水间架

借扬州最有代表性的山脉——蜀冈作为展园山体的意象，作"后土冈"，土冈托台。借扬州最具代表性的水系——瘦西湖作为水体的意向，成"琼华仙溪"。自城台城门引清泉而出，形成瘦曲之琼花溪。瘦溪逐渐变为纤河，最终扩为瑶池。

（二）起承转合——建筑布局

建筑在用地面积中所占不多，却充当着"眉目"的作用，总体布局如行文之章法，讲究起承转合。建筑形象发挥了扬州建筑兼顾南雄北秀、青砖小瓦、粉墙栗柱、出檐平顺与屋脊通花等特色，设计了"起——敬哲亭、承——云鹭仙航、转——琼华八仙榭、合——停云台"的总体布局（图4-26）。

图 4-26 琼华仙玑总平面图（孟兆祯工作室 供图）

1—主入口；
2—敬哲亭；
3—云鹭仙航；
4—"砥柱中流"峰石；
5—琼华八仙榭；
6—水八仙桥；
7—步月桥；
8—停云台；
9—归帆阁。

砥柱中流石　鹊会亭　津标　　　　　　　　　　　挹露亭

图4-27　琼华八仙榭（王睿隆 供图）

（1）敬哲亭。计成可称为"哲匠"，敬哲亭是展园重要的原点，亭内将《园冶》经典概括性地展出。亭周植松、竹、梅，众相致敬。此亭体量精小，符合纪念性亭的功能，重标识而不重于体量，山石、植物左呼右应，用环境展示其显要的地位，是为造园章法之起。

（2）云鹭仙航。江南水乡园多用舫，今日感召"同舟共济""振帆起航"的时代特色自成意境。要把黎庶大众引向"美丽中国"的诗意境界，舫的功能为服务游客、冷餐品茗，在瑶池南深柳疏芦之际静泊以纳清风、赏月色，体现了"承"的章法。

（3）琼华八仙榭。于瑶池中园心处特置"砥柱中流"石峰，昂首挺立在浪由水涌的波涛中，展现对"担当"精神之感召，"琼华八仙榭"是一组建筑群，平台向南伸出水中，可迎先月以呼应瑶池仙想（图4-27）。

（4）停云台。水榭犹如压轴，台阁犹如大轴，相辅相成，俨然一体。地形朝西北渐起，土山托城、城从起台、双亭起势，寓意天地之间，据峰为阁，这一系列的建筑布局把城中琼花敬奉到云端。周廊眺望，全园山水皆归眼目，是为一"合"。琼花溪自台洞口而出，叠瀑下落，最终贯穿全园。停云台则成为夜景焦点之"合"，结合榭、舫等建筑，在朗月清风下近览远眺，皆有瑶台仙境之感（图4-28）。

五、景不厌精，细致理微

布局要大胆落笔，细部要精心收拾。满足"远观有势，近看有质"的游赏心理。入口、墙园、铺地、正脊、垂带、砖雕等方面，均采用了扬州当地的风格特色，体现了设计者的巧思。

图 4-28　停云台夜景（苏州园林设计院有限公司 供图）

图 4-29　"琼华仙玑"植被实景（苏州园林设计院有限公司 供图）

六、山水敷绿，植物规划

全园绿地率为80%以上，乔木为骨架，主选长寿的庭荫树余荫庶黎，如侧柏、香樟、枫香等。花灌木种在乔木边缘和视线焦点。除琼花外，山野之品多为运用，如长夏之紫薇、春秋之杜鹃、桂花、梅花。种植形式为自然式树丛、树林和孤植树组成。

最后，"琼华仙玑"设计以"时宜得致，古式何裁"的发展观为设计原则，以"巧于因借，精在体宜"的"借景"为核心理法，按照《园衍》六边形设计序列展开设计，以起承转合作为建筑布局的依据，充分运用《园冶》经典造园理论，将"园冶园"设计成为具体且充满诗情画意的"琼华仙玑"（图4-29）。

第八节

清趣盎然——第十三届中国（徐州）
国际园林博览会徐州园

第十三届中国国际园博会在徐州举行，丰富多彩，精彩焕神。徐州沃土，又放青春。古木新花，蕴藏不尽。徐州是我国古代九州之一，秉性安舒，地兼江苏、安徽、山东三省文化地利。园博园南有3.5hm²良地划为园内公共绿地供游客游憩。风景园林学科全国工程勘察设计大师何昉邀请孟兆祯主持总体方案设计，时年88岁高龄的孟兆祯在"敢当"的感召下慨然应允。昼夜深思，尽全力完成重任，唯恐难成。

园博会体现了清正传世，其中的小展园亦当发挥中国园林传统的清趣特色。从古至今，"清风明月"是中国园林永恒的清趣，在绿水青山中因山构室、就水架屋，亭台楼阁、山林泉石、浓荫匝地、鱼跃鸢飞、鸟语花香，都是以清为趣。因此，该园的主题就这么定了，其名也相应地问名为"清趣园"，即为人民谋清趣，赏心悦目。

观场地大势，呈东西长、南北短之直角曲尺形，似英文字母"L"，其焦点宜在分角线上。湖心空处夯石兀起"敢当"醒人，大振时风，与此相映的是文人写意自然山水园的地望。循《园冶》"构拟习池"的教导掘池筑山，让西北高耸，隙间出"洗心泉"为水源。开展曲尺型的长湖，主水湾坐北朝南，在此处坐落主景"不忘初心，牢记使命"。首先尊敬先贤，以"彭城水驿"（图4-30）为名，彭城乃徐州古称，徐州又是大禹治水之果，可概括为"因水成州"。主体建筑"彭城水驿"东厢利用廊连接土山上桂花簇拥的"团金亭"，西厢是松柏交翠的"拥翠客舍"。水驿前"清风""明月"二方亭临水伺立，恰好增加了景物的层次。玉成了作为主景的山林建筑群以后，掘池筑山，以丘包湖，绿屏围碧水，使得各处水岸都有林樾参差的背景（图4-31）。

主入口在园东南，山谷道边花木情缘易逗，若有所语。语底可与入门景"云牖松扉"联想而入禅心（图4-32）。在湖南边的水湾相应地布置建筑，以承接进园的游人，这是一座水花榭，问名"花语禅心"。

图 4-30　彭城水驿与睦亭（深圳媚道风景园林与城市规划设计院有限公司 供图）

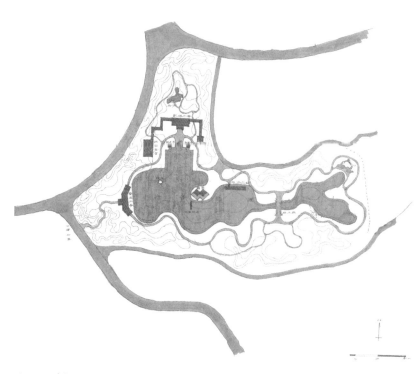

图 4-31　清趣园平面图（孟兆祯 供图）

图 4-32　清趣园入口
（深圳媚道风景园林与城市规划设计院有限公司 供图）

图 4-33　汉白玉栏杆"永济"桥
（深圳媚道风景园林与城市规划设计院有限公司 供图）

一带碧流在北岸呈深柳疏芦之际，"共济花舫"静泊其间。粉墙、黛瓦、栗柱，匀称而突出地安稳泊岸，高粉墙开窗循中国书画"知白守黑"之法，别致多姿。"澄怀""致远"题字醒目。宁静致远，随时扬帆起航，应时代而合"同舟共济"，桥名"永济"用以纪念防疫白衣战士之丰功伟绩，从白石栏杆联想感人的白色（图4-33），桥北岸植白皮松名"白衣仙子"。

中国气派的园林"景面文心"，景以悦目，文以赏心。"山水媚道"则是以多变的山容水貌去融入文意古言。"大事成于细"，不仅在景题体现文意，还要以景联深化文意。孟兆祯为景点单元创作了楹联，彭城水驿联"尧封彭城定华夏，禹浚江河通九州"。清风亭联"且疾且徐皆由天赐，或清或浊当在人为"。明月亭联"月明梅弄影，风清草觉吟"。花语禅心联"交友和为贵，处世善宜多"。共济花舫联"云舫遨游凭众力，群芳易逗醉后人"。云牖松扉联"桥连两地不分南北，心系一处莫问东西"。"天使济世无论贫富，妙手回春罔顾死生"。清气必正气，扬正才有清。联由景意起，按意伸展，以文载道，情深意切。咬文嚼字，情趣盎然。

第九节

艺海妙谛——成都蜀真公园

成都蜀真公园的公园定位高、设计难度大，于是成都市公园城市建设管理局邀请国内高水平的孟兆祯院士团队指导蜀园园林景观设计。孟兆祯亲自执笔绘制草图、构思主题、研究景意，并撰写了景题、石刻书法与楹联匾额，精心设计了蜀真公园方案，并以此为基础指导中国城市规划设计研究院设计团队完成了规划设计方案。

一、立意

"古雅清旷，飘逸乡情"是巴蜀园林的特质，东学江南，北礼中原，南通百越，成就异秉。为体现四川地方风格与成都的独特魅力，因借场地建"川剧艺术馆"之宜，在川剧方面进行深入的文化挖掘：川剧是中国戏剧百花丛中独特的一枝，唐代即有"蜀戏冠天下"之称，川剧语言幽默风趣，文字优雅明快。"帮腔"是川剧高腔中最有特色的部分。"变脸"是川剧中最有名的技巧。川剧如此独特巧妙，因而将该园问名为"艺海妙谛"。

二、布局

因地制宜，设计半岛使南北向狭长空间舒展开来，并助于消防。因高筑山，就低凿水。以3～5m高土丘"妙谛屿"环拥"梨园神韵"，前展"妙谛坪"，使建筑前有所展，后有所聚。向四周延展陡缓丘壑作展示花木和宿根花卉用地。山谷引清泉"妙谛泉"，汇水为线溪"妙谛溪"，溪汇为江，江聚为潭，水浅流清，最宜种植挺水植物和湿生植物。高下起伏的地形与园路合为一体，增加了变化多端的空间感，增加了俯仰景观的变化。人在路上走，犹如画中游，耐人流连，涉园成趣，赏心悦目（图4-34）。

梨园神韵景点单元包含诗史院、妙谛泉、妙谛溪、风雨廊、艺海妙谛坊等建筑及川剧大师雕塑。建筑布局借鉴"杜甫草堂"史诗堂区域，形成南北朝向的唐风官制建筑群，也是蜀园中体量最大的一组建筑，利用建筑

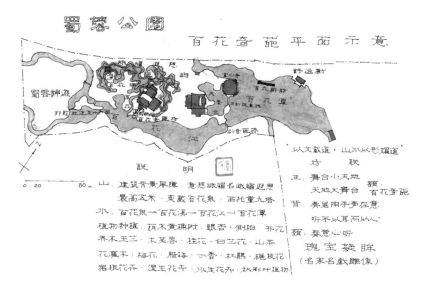

图 4-34　蜀真公园平面图（孟兆祯手稿）（孟兆祯 供图）

图 4-35　史诗院
和艺海妙谛坊（中
国城市规划设计研究
院 供图）

　　的合院布局打造传统戏曲精品观赏和体验区（图4-35）。

　　品茶悟道景点单元包含丛桂轩、焙茶坞、天鉴池、赏心亭与引妙谛廊桥（图4-36）等建筑，位于湖心岛东北侧，借鉴"新都桂湖"丛桂轩建筑形式，建筑为川西明清时期建筑风格，临水而建。焙茶坞为室外茶座，松

图 4-36 引妙谛廊桥
（中国城市规划设计研究
院 供图）

图 4-37 艺海新
航石舫（中国城
市规划设计研究院
供图）

竹掩映，桂花飘香。

湖中有船舫，名艺海新航（图4-37），北京、成都、江南等地区的园林中自古因水而多用舫，新繁东湖公园清代石船舫，而今感召同舟共济、振帆起航而自成意境，故榭名"艺海新航"，建筑表现川江船舫特色，川江号子精神。其功能为服务游客、冷餐品茗，于水东深柳疏芦之际静泊以纳清风、赏月色。此外还有琴鹤轩、望月楼组成的巴蜀文创组团，醉颜岛、醉颜亭等景点。

三、植物景观

建立地带树种的人工仿自然植物群落，以乔木为骨架，灌木点景，首选开花浓荫乔灌木。各种种植类型相结合，以树丛与树群为主，辅以点植树、孤植树。

参考文献

孟兆祯.园衍[M].北京:中国建筑工业出版社,2012.

孟兆祯,陈云文,李昕.继往开来,与时俱进:中国工程院庭院园林设计[J].风景园林,2007(6):38-45.

孟兆祯.避暑山庄园林艺术[M].北京:紫禁城出版社,1984.

孟兆祯.孟兆祯文集:风景园林理论与实践[M].天津:天津大学出版社,2011.

(明)计成.园冶[M].北京:中国建筑工业出版社,2018.

王睿隆,边谦,孟兆祯.巧于因借,精在体宜:从《园冶》园到"琼华仙玑"[J].中国园林,2021,37(1):133-138.

第五章

山水宜去伪，林泉梦肇真：
孟兆祯学术评述

孟兆祯风景园林学派思想是构建中国特色风景园林理论体系的重要组成部分。作为风景园林学家，他建立并发展了新的学科框架，策划了主要专业课程教学环节的内容和教学计划；他立足于中国国情，坚持用中国思维做人民需要的设计，不断激励发着广大园林人探求中国风景园林传承与创新之路。

本章通过引述、归纳总结行业权威人士的相关评述，从完善学科专业教育、构建学术理论框架、创立专业设计方法3个方面，以本体论、价值论、认识论和方法论等角度，对孟兆祯的学术思想展开多方剖析。以此客观、全面地展现孟兆祯风景园林学派思想的内涵特征与重要价值，从而系统地认识孟兆祯学术思想的理论精髓：思想性、知识性和实践性三位一体。

孟兆祯"自传统而来，向守正创新而去"的风景园林学术思想受到各界广泛的认可。2014年和2017年，业界先后在深圳、杭州举办了两届"孟兆祯院士学术思想论坛"（图5-1、图5-2），2021年，由北京林业大学牵头举办了"孟兆祯学术成就展"（图5-3），业界专家与代表，以及孟兆祯师门下弟子齐聚一堂，研讨了孟兆祯的学术思想，表达对孟兆祯学品师风的敬意，感谢他作为学术大家为中国风景园林事业作出的卓越贡献。

图 5-1　2014 年，第一届孟兆祯院士学术思想论坛合影（深圳市北林苑景观规划设计有限公司 供图）

图 5-2　2017 年，第二届孟兆祯院士学术思想论坛合影（浙江大学园林研究所 供图）

图 5-3　2021 年，孟兆祯学术成就展合影（北京林业大学园林学院 供图）

第一节

完善学科专业教育

　　孟兆祯在教育思想上致力于传承中国园林文化，以授业、解惑、启智、育人为己任。他倡导知行合一的风景园林教育理念，自1956年留校任教起，长达60余载，一直坚守在教学第一线，主持创立了有中国特色的风景园林规划与设计学科，培养了大批风景园林人才，对我国风景园林行业产生了重大影响。

　　在继承的基础上，孟兆祯建立并发展了新的学科框架，策划了主要专业课程教学环节的内容和教学计划，确立了园林艺术课程和园林设计课程以中国传统园林为特色的内容。孟兆祯身体力行，多年来一直奔赴在教学一线。他在学术上解码了中国园林文化的核心逻辑，使风景园林规划设计的教育方法体系变得具有延展性和层次性，同时强调风景园林学科的科学性、系统性、综合性和交叉性，并以古代"兴造学"为切入点指出城市规划、建筑、风景园林三个学科综合运用的必要性和必然性。他始终以风景园林学科在新时期的持续发展为使命，犀利地指出学科的长足发展，需要学科管理、师资力量、学生培养体系、就业实践等方面环环相扣并与时俱进，在管理上成立专门机构评估学科成绩，在教学上创立具有中国特色且素质过硬的风景园林教师队伍，在学生培养上要以文学、绘画为基础，以设计为核心，广泛涉猎中国传统文化，注重应用实践。在中国风景园林事业快速发展并不断发生变化的今天，孟兆祯始终是一面旗帜，他继承并弘扬中国传统园林文化的精髓，并以强烈的时代责任感通过教育为中国本土园林事业的发展播下了种子。

一、学科正名

　　千禧年后，风景园林学科的社会形式发生了根本性变化。中国园林专业的教育经历了长达数十年的实践和理论大激荡。在西风渐进的背景下，大量院校的专业设置不再以传统园林为主心骨，中国式园林教育正在逐步失去话语权。在这样的背景下，以孟兆祯为代表的北京林业大学老先生们依然坚守以传授中国园林思想、理论与技艺为核心的教学初心，毅然扛起了中国传统园林的传承与创新大旗。

孟兆祯建立并发展了新的学科框架，策划了主要专业课程教学环节的内容和教学计划，确立了园林艺术课程和园林设计课程以中国传统园林为特色的内容。他率先开创了园林工程、园林艺术、园林设计、《园冶》例释等新课，主编的《园林工程》教材在全国广泛应用。其中，《园冶》例释课程在其教授的课程体系中最负盛名，集中展现了我国古代园林艺术的理论精华。他将自己多年的研究成果加以提炼，化逻辑思维为形象思维，以"例释"园林的方式，使传统的思想与设计的现实结合起来，把课讲得生动有趣，引人入胜。作为孟兆祯门下的第一位博士，清华大学建筑学院景观学系教授朱育帆曾评价："例释，是通过典型案例来诠释某种理法或理论的研究方法。对于规划设计学科而言，通过案例来研究学习往往是非常有效的，因为一个经典案例带来的不只是一个角度的切片，而是一个综合的语境，这相较于传统的割裂的教育方法有着很大的优势。"通过案例来诠释《园冶》，其难度是可想而知的，反映出授者对于文学、艺术、园林、建筑、规划等学科综合的驾驭能力。与建筑、规划强调物质空间不同的是，孟兆祯所确立的例释法的导入点一般是由文化波及至物质空间，而且释例的数量巨大且种类繁多，跨越性极大，使风景园林规划设计的教育方法体系变得具有延展性和层次性，取得了巨大的成功。

此外，孟兆祯在北京林业大学任风景园林系主任和学科带头人期间，建立了风景园林规划与设计学科的新教学体系，创建了该学科在全国唯一的博士点。他指导的学生连续获得国际性设计竞赛大奖，极大地提升了北京林业大学乃至当代中国风景园林的国际影响力，在风景园林界传为美谈。从那时起，联合国的国际教育资料上，将中国列为该学科的第一名。在中国风景园林事业快速发展并不断发生变化的今天，孟兆祯始终是一面旗帜，虽然一直恪守着作为学者的谦逊内敛的风范，却是一位真正捍卫中国园林文化本质精神尊严的斗士。

二、博采众长

随着时代的不断发展，风景园林学科也面临着与时俱进、不断改革的挑战。孟兆祯一方面主张不同学科的交叉合作迫在眉睫，另一方面又认为明晰各学科的范畴，是发挥各自所长、改变学科间各自为战局面的必要前提。

北京林业大学园林学院教授、《中国园林》杂志主编王向荣曾就学科发展问题与孟兆祯展开对谈，在此次谈话中，孟兆祯以古代"兴造学"为切入点指出城市规划、建筑、风景园林3个学科的各自特点，以及三者综合运用的必要性和必然性。他指出，兴造学中对于再现自然的追求，除了建筑学所要求的工程技术和美学基础外，还与生物学和中国文学、绘画有千丝万缕的联系，并相当依仗诗画创造空间、"寓教于景"等手段来实现。也就是说，自古以来中国理想人居环境的创造便无法靠单一专业来实现。因此，风景园林、建筑、规划3个专业虽各有重点，但促进三学科之间相互磨合，找到结合点，将其融为营造学的大学科的趋势势在必行。基于风景园林学科的综合性和复杂性，孟兆祯还提议在行政上设立风景园林学科的专管监督机构，便于更好地适应、促进未来风景园林行业的迅速发展。

除了学科间的融合，在培养环节上也需要根据行业实际情况进行调整。第一方面是创立一个具有中国特色的风景园林设计队伍。在与北京林业大学园林学院教授林箐老师的对谈中，孟兆祯又再一次强调，风景园林不仅是一项技术，更是一门艺术，需以艺驭术，兼得"文才、画才、口才"。故专业教育要在这方面有所补充，第一是注重以文学为基础，琴棋书画诗、手绘篆刻等广泛培养。第二是实践，包括做模型和参与社会实践。学校设立教学基地，既能解决经费问题，还可以锻炼学生。第三是培养师资，学习分析国外教学的经验，提升授课水平，活跃课堂气氛。

三、言传身教

对学生而言，在当代社会生活与传统园林文化宝库之间需要一个正确有效的链接，作为在风景园林教育有突出贡献的学者，孟兆祯正是这座桥梁，并且真正意义上开启了传统园林走向当代社会的转型之门。

孟兆祯是中国风景园林的第一代学子，自1956年学成后迄今已从教60余年，始终坚守在教学一线，尊师重道、教书育人，培养了大批风景园林人才。孟兆祯始终坚持小规模授课的"师徒"模式，而且总是身体力行，以身作则。北京林业大学副教授薛晓飞和在谈到跟随孟兆祯学习时表示，他一般不讲大道理，而是深入浅出，以点拨为主，弟子更多的是靠自觉的观察感悟，如传统匠人负责传道、授业、解惑，徒弟负责求道、受业、问惑，师徒之间是充分一体化的。孟兆祯以生活化的、整体的方式熏陶感染学生，此时不仅仅是技艺上的传道，更是注重通过为人师表影响学生德行的培养和塑造。这种师徒模式更能传承文化的精髓，批量生产是现代教育的目的与机制，而化育生徒则需要师父的熏染和因材启智。虽然师徒模式与当前以量取胜的产业化教育方式显得有些格格不入，但是由于强调言传身教，强调敬业修身为一体，老师更易因材施教，在成才质量上保持着很大的优势，仍值得当今的风景园林教育界汲取长处。从孟兆祯桃李满天下的教育成果可知，这种模式从长远来看具有更高的成才效率。

孟兆祯融会贯通式的园林教育思想的直接成果就是赋予学生广博的视野和多专业的统筹整合能力，朱育帆曾直言孟兆祯和北京林业大学的时代环境所灌输给他的中国传统园林思想，是其进步最持续的动力之源；王向荣也曾说孟兆祯的教育让他在脱离表面看问题、关注现实、注重实践、教书育人等多方面终身受益；意格环境设计创始人马晓暐认为他的整合能力得益于孟兆祯的教育思想。孟兆祯所产生的巨大磁场给学生们带来了持久的压力，使他们在自身修为的学术道路上不断自省自律。可以说孟兆祯继承并弘扬中国传统园林文化的精髓，并以强烈的时代责任感通过教育为中国本土园林事业的发展播下了种子。

第二节

构建学术理论框架

孟兆祯具有坚定的学术方向，他推动建设中国特色风景园林学科体系、倡导中国文化观主导的规划设计与学术理论。他是传统园林设计理论和园林工程理论体系的开创者，他提出的"以借景为中心的中国风景园林设计理法序列"理论，是孟兆祯风景园林学术理论的核心思想和最大特色。孟兆祯的学术思想充满了开拓性，他用当代方法诠释了传统园林理论精华和园林文化核心逻辑，从理论支点上打破了学科的界限，强调了学科之间的融会贯通，是对计成造园理论的升华，弥补了我国风景园林理论体系中方法论的空白，带有明显的本土性和原创性，具有划时代的意义。同时，孟兆祯认同并反复强调李泽厚先生对于中国园林美学的概括，即园林是"人化的自然"和"自然的人化"，将园林美学研究与哲学思维联系起来，表明了中国风景园林学科与行业特征。孟兆祯十分关注当今中国的发展，经常会从国家的政策方针中找到风景园林发展的新思路，因而其学术理论常常具有强烈的时代性和包容性。孟兆祯的学术理论表现出对中国文化的高度自信，是对中国传统文化和哲学思想的延伸和发展，为中国风景园林学科的发展奠定了深厚的理论基础。

一、理论升华

孟兆祯学术思想是承上启下的理论方法，他以现代的科学知识和方法来认识和发展中国传统园林艺术，理论成熟、著作等身，在国内具有相当的影响力，代表作包括《避暑山庄园林艺术》《园林工程》《孟兆祯文集：风景园林理论与实践》《园衍》等。孟兆祯学术思想是对计成《园冶》造园理论的升华，弥补了我国风景园林理论体系中方法论的空白。全面地、正确地认识孟兆祯的学术思想，对于思辨传统园林的继承与创新有清晰的指导意义。

清华大学国家公园研究院院长、清华大学建筑学院景观学系主任杨锐曾在第一届孟兆祯院士学术思想论坛上以《如何认识和研究孟兆祯的学术思想》为题发言，他指出，孟兆祯学术思想及其价值首先应该放在一个大的时代背景中去认识。孟兆祯的学术思想集中产生在中国改革开放以后的几十年中。这期间，中国的社会、经济、文化发生着剧烈、快速的变化，就风景园林领域来讲，西方的各种思潮铺天盖地而来，在这样的时代背景下，以孟兆祯为代表的一批老先生坚定地站出来，将中国园林的薪火保护并传承下来，价值巨大。

其次，孟兆祯上承《园冶》，下启《园衍》的研究方法为当今学者如何继承和发扬传统园林文化和技艺树立了实实在在的范本。孟兆祯对于《园冶》的研究是一种"内得心源，从心再造"的方法，该研究方法本身具有很大的价值。他对《园冶》的研究不是采用现代（西方）学术方法中从文献到文献的外部重构方法，而是将《园冶》的精华反复咀嚼，体会、把玩、内化吸收为自己的思想和情感，得到了计成《园冶》的"心源"，然后用现代语言将自己的而不是计成的学术精华表达出来，这是一个再创造的过程。孟兆祯把《园冶》语焉不详的地方都按现代学术所要求具备的严谨性加以条分缕析，对这部中国园林的权威经典作了迄今为止最深刻的诠释，和最具独创性的全面发挥，从而完成了一次对计成造园理论的升华。这种 "外师造化，内得心源"的原理和方法能够帮助我们在经济社会发生翻天覆地变化的今天，在动态的变化中保持与时俱进，找到中国园林的发展之理。

中国城市规划设计研究院风景园林分院院长贾建中在《感悟：中国园林观——学习孟兆祯学术思想的一些体会》一文中，将孟兆祯的学术思想概括为"中国园林观"，即运用中国传统文化思维方式对待风景园林的一种价值观和方法论，其中又涵盖了实践观、发展观和治学观。

第一，孟兆祯倡导文化和自然相结合的中国园林观。他把"人与天调而后天下之美生"（《管子》）、道法自然、人与天调、人与自然协调和谐、物我为一的境界融会到中国园林思想的研究之中，强调从园林方面反映"天人合一"的宇宙观。孟兆祯曾总结："中国园林的最高境界和追求目标是'虽由人作，宛自天开'"。

第二，孟兆祯倡导整体、系统的中国园林观，他强调并践行从微观到宏观的风景园林规划设计研究体系。从微观山石到造园理论，从景点创意到设计方案，从公园绿地的设计到城市格局绿地系统的谋划，孟兆祯都有深刻的研究并在其设计作品中一一践行。

第三，孟兆祯强调"向大自然汲取营养"的风景园林的实践观。他多次强调"读万卷书，行万里路""模山范水，出户方精"；他常用孔子登泰山时发出的"登山必自"的感想来教育风景园林工作者，说明成事者须身体力行的道理。他认为我们国家各地都有丰富多样的自然山水和风土人情，各地自然山水的特点各不相同，设计师不能仅满足于从媒体或书本里欣赏大自然景观，要到大自然环境中体验风景园林的真谛。

第四，孟兆祯始终如一地采取"与时俱进"的思维方式，可以说这也是他主张的风景园林发展观。他会把国家新的发展形势和新思路融入他的报告之中。他倡导"研今必习古，无古不成今""从来多古意，可以赋新诗""汲古创今"。综上所述，是告诉我们研究古人的成就不是一味仿古，而是通过学习古人，把现在的风景园林事业做得更好。

第五，孟兆祯推行系统、深入、全面的研究方法，倡导风景园林的治学观。他借用了苏州留园的"汲古得修绠"景点的意境，告诫风景园林师：要能沉得下去而不能停留在事物的表面，才能领悟得到其中最深刻的道理，要有准备地、脚踏实地地、深入研究问题的实质，才能做好风景园林规划设计研究工作。

孟兆祯学术思想的精华集中体现在他的理论专著《园衍》之中。《园衍》的内容并非对传统造园方法的一般叙述，而是结合其自身实践和当代社会需求，将源于中国文化的风景园林规划设计方法系统化、理论化，充分体现了他倡导的知行合一的风景园林教育理念，作出了具有开创性的理论贡献。《园衍》将中国式园林的设计程序提炼为中国造园的理法九章，包括：明旨、立意、问名、相地、借景、布局、理微、封定、置石与掇山。"借景"作为传统园林思想的核心，置于程序的中心位置。在如何理解"借"的涵义方面，首都园林绿化评审委员会特聘专家夏成钢在《构建中国特色的风景园林理论：孟兆祯学术思想感悟》一文中写道，"借"字有近20种涵义，孟兆祯采用循古方法，确定其本字为"藉"，即凭借、依托之意，意思物的存在依赖于其所处的环境之中，表明园林设计必须有根有据，充分利用客观条件，有源头。孟兆祯在强调风景园林科学性的同时，又指出借景不仅借物，而且借意象、借意义、借意境，具有多元、多意、丰富的内涵，开拓了研究新思路。孟兆祯视借景为中国风景园林艺术理法的第一要法，并用"巧于因借彰地宜，景以境出住世仙"来概括中国园林。东南大学风景园林学科带头人成玉宁也指出，借景即"藉景"，这实际是以"成景潜力"为核心的整体设计观，各程序依此调整核准。设计步骤以"明旨"为原始点，形成由宏观到微观、由抽象到具象的设计过程。在思维模式上，"相地""布局"步骤是对场地形式的思考，在空间上体现"立意"内容；而"问名"则是对场地内涵的情感意境思考、以景物与文学回答"立意"内涵；"理微"则是对个体景物的推敲、细节的调整，这一步也最具园林学科特点；"余韵"则是对整体效果的收拾补充。孟兆祯以借景为中心的设计理法序列几乎涵盖了风景园林艺术的方方面面，将中国园林艺术的基本要素落实为设计的每一个程序，犹如一把登堂入室的钥匙，将"情感"这一元素融化到空间之中，成为连接理论与实践的桥梁，而这一方法论则被公认为是一次对中国传统园林理论的系统升华。

综上，孟兆祯学术思想源于《园冶》，但视野超越园林、超越风景，直指现代生活的环境与艺术问题。其学术思想的核心部分"园林理法"，是具有实践意义的方法论，既是对中国传统园林理论的系统化升华，又组成了学科理论的核心内容。

二、兼收并蓄

孟兆祯学术思想的两大特征，一是尊崇自然，弘扬文化；二是古意新诗，自成一体，体现了其思想中传统和文化的内核。但孟兆祯对传统并不固守，而是秉承消化创新的精神。他立足本土、传承文脉，对各类优秀文化兼收并蓄，可以说是当代传承中国园林文化精神的集大成者。

中国传统文化是孟兆祯形成学术思想的基础和源泉，并不仅仅局限于园林，从经史文章、诗词书画乃至梨园曲艺，他都广泛涉猎。钱学森先生曾说，一个科学家更有一点文学素养，一个艺术家要懂些科学技术，这些是激发创新火花的重要基础。孟兆祯在年少时便接受了传统戏曲的熏陶，一颗传统文化的种子就此生根发芽。早在1952年选择专业时，他就因为老师的一句"建筑是凝固的音乐"而毅然选择了造园专业，此后一生在此孜孜不倦。在成为园林大师的路上，他始终坚持培养个人在诗、书、画、印以及京剧等传统艺术上的修养，年龄没能阻挡孟兆祯对艺术的追求。原北京市园林局副局长、国务院参事、中国风景园林学会副理事长刘秀晨回忆到，孟兆祯与李慕良等京胡名家亦师亦友，拥有炉火纯青的演奏水平。他70岁开始坚持自学水墨画，并创作出多幅代表作品，80岁还坚持每周唱戏拉琴。孟兆祯那行云流水般的京胡演奏，不仅流畅大度，拉到细微之处，那些惟妙惟肖的技巧和情感处理，让人领会到他是用心去拥抱艺术，他的奏、念、唱、演的一招一式，让人寻找到京昆艺术从技巧完善到全面艺术表达的真谛，于境界之中享受大段唱腔的华丽大器。

孟兆祯并不是简单地将京剧作为一门戏曲艺术来看待，而是从中悟出很多与园林艺术相通的道理与人生哲理，在孟兆祯家客厅挂着一副他亲自书写的对子"舞台小天地，天地大舞台"，这就是很好的例证。一出戏有起承转合、抑扬顿挫和柳暗花明，他把这些京剧中的哲理与感悟融会贯通运用到园林艺术的表达当中。他酷爱中国的书画与文学，善于将传统绘画的理论运用于园林艺术，外事造化，中得心源。他的隶书传承中富有变化，飘逸而又不失力道，体现了一种特殊的美，形成了自己独特的风格。"疏可跑马，密不透风"等书法语汇也经常被孟兆祯用于园林教学当中。寓乐于教，是孟兆祯讲课的特点，所以孟兆祯的课永远是座无虚席。总之，生活中孟兆祯的人文情怀是丰富多彩的，但更重要的是先生对中国传统文化与风景园林学科的坚持。

孟兆祯从骨子里是一名深受传统文化滋养的当代文人和园林大家，古代优秀园林的精湛技艺常深深地触动他，为此他创作并书写《冠云峰歌》来歌颂苏州留园的冠云峰、创作并书写《寄畅老人生生不息》纪念寄畅园建园490周年等。与此同时，他所创作的园林也体现出浓厚的文人情怀，每一次都亲自拟定题写匾额、楹联、题刻甚至是园记，这些都是他鲜明设计风格的重要组成，也是传统园林艺术特色得以延续的重要见证。

孟兆祯不但对于中华文化有着广博而精辟的理解，对于西方优秀文化也持开放包容的态度。中国城市建设研究院风景园林专业院及旅游中心院长李金路作为孟兆祯最早的学生之一，曾回忆孟兆祯给学生上课时的情境，孟兆祯学术开放，针对西方规则式古典园林，曾评价说：走过1/4面积，则可游遍全园。但同时他又邀请清华大学的陈志华教授给学生讲课，从完全不同的角度讲授西方园林。以"相反相成"的形式，开阔了学生视野，引导学生自主思考。孟兆祯学术思想正是从这种文化间的差异出发，诠释园林艺术与精神，因而具有广博、开放的特点。

三、捍卫传统

世界现代风景园林学发源于19世纪末至20世纪初，中国虽然拥有悠久灿烂的园林文化，但近几十年来的发展一直都在追赶外国的脚步。改革开放后的20世纪末期，中国风景园林教育体系受到西方现代景观体系浪潮的猛烈冲击。孟兆祯始终牢记着风景园林的使命与责任，继承发扬着传统园林的理论与实践，捍卫传统的、民族的园林文化基因，华南农业大学林学与风景园林学院教授、《中国园林》杂志前主编王绍增先生用"旷野辉星"来评价这时期孟兆祯对中国风景园林作出的贡献。

孟兆祯扎根本土，从中国传统中寻找挖掘，很早就认准了中国风景园林的发展方向、明确了中国风景园林的目标：第一，突出中华民族文化特点，提出建立一个中国特色风景园林学科体系；第二，倡导中国文化观主导的规划设计理法，即坚持用中国文化思路解决中国问题，集中体现在孟兆祯在学科建立初期所展现出的文化自信和传统坚持。

北京市园林古建设计研究院顾问总设计师金柏苓曾讲述，孟兆祯于20世纪50年代随汪菊渊先生从农大到林大（当时是林业学院）创办园林系，当时因缺乏经验故以俄为师，将专业叫作城市及居民区绿化专业。那个时期的最大成果是建立了中国城市园林绿化较为正规的专业队伍，但在学科体系上来说，采纳的是当时苏联一套从西方古典园艺学和城市规划学派生出来的据说是社会主义性质的体系，虽不同于西方现代园林学，但也完全不见中国传统园林文化的影子。以孟兆祯为代表的中国园林界和建筑界的一众前辈学者便一直坚持建立中国人自己的园林审美价值体系，创建有中国文化的学科体系。他试图从古人的立场看传统文化，从传统的角度看现代园林，立足现代展望未来人居建设，从而最大程度地展示了传统文化的真实性和完整性，而非从西方的尺度、比例、空间和心理分析的角度，分而析之地拆解中国传统园林。他从认识论和方法论角度，创造性地提出了中国风景园林的语汇与范式，最终建立并发展了中国特色风景园林学科体系，体现了真正的中国智慧。无论是孟兆祯的理论、还是在教学与实践中，文化与之如影随形，这之中渗透着他对中国文化的敬爱之情。有敬才有动力，寻找中国园林文化的自觉，以传统为出发点，满怀激情地积累、提炼、传播中国园林文化，正是孟兆祯学术思想所表明的立场态度，也同样是梁思成、汪菊渊、周维权等一代先驱奋斗的历程。

王绍增曾评价孟兆祯："在高举中国园林大旗的汪菊渊先生去世，孙筱祥先生退休的年代，只有孟兆祯还能扛起这杆大旗，继续前进，对全国乃至世界发挥着重要影响。"当代风景园林学科的发展必须在"博古"的前提下，适应现代社会生活的发展需求。成玉宁在《行云流水——试论孟兆祯院士的文人园林情怀》一文中称赞，孟兆祯哲思深邃、博古通今、借古开今、开拓开放，在不忘本来、吸收外来中创造性转化、创新性发展，因此毫无疑问他是中华风景园林的旗帜和榜样。"研今必习古，无古不成今。"对于传统的研究使得中国新园林向前的每一步走得更加坚实，历史的积淀具有积极的现实意义及价值。

第三节

创立专业设计方法

孟兆祯对于风景园林学科的又一重要贡献就是创立并践行了具有中国传统内质的风景园林规划与设计方法论。该方法论作为其学术理论框架的重要组成部分，是针对如何发展中国风景园林民族传统这一命题所作出的进一步思考与回应。其在核心思想上与以借景为核心的"传统园林设计秩序六涵"高度一致，具有鲜明的本土特征与原创价值。而"借景"，亦在这一面向当代风景园林规划设计实践的方法论中，焕发出新的生命力。在孟兆祯近40余年的规划设计实践中，这一方法论的承衍意义、实践取向与宽广视野得到了有力的证明。它的提出，不仅为众多从业者探索具有中国性的当代风景园林规划与设计实践确立了方向，更为整个中国风景园林学科的发展夯实了基础。

一、传承创新

孟兆祯曾讲述，他早年在认定《园冶》是中国古代园林艺术基本理论专著后，从语言上先后请教于各路古典文学家，后综合研读《长物志》《闲情偶寄》等，并有新感悟，渐渐总结、创立了一套总括中国传统内质的园林规划设计"六涵"，即"立意、相地、问名、布局、理微、余韵"，此外还包含"明旨""封定"等方面，上述理法序列在实践中可以交叉甚至互换。这一理法体系的提出，为开创融通古今的风景园林规划与设计方法论作出了重要铺垫。孟兆祯在"借景"思想内核的延展与引领之下，洞察了风景园林学科中的科学与艺术、理论与方法、艺与术、景意与景象等辩证关系，继而从理论支点上打破了学科的疆界，强调了学科间的触类旁通与融揉共进。

孟兆祯的理论建树与设计实践融会贯通，坚守中华文化立场，传承创新中国园林，展现了中国园林审美风范——"景面文心"。他的理论与实践充分反映了中华美学讲求托物言志、寓理于情，讲求言简意赅、凝练节制，讲求形神兼备、意境深远、知情意行相统一。华中农业大学党委书记高翅教授曾感叹，孟兆祯作品中以诗书楹联传达的文化意蕴，为游赏者增添了诸多诗情画意。孟兆祯的作品，不是抢眼球，而是以情境触及心灵。

孟兆祯做设计时，讲求"因借与体宜"。无论是对场地的综合分析，还是因地制宜地探索设计方案的特殊性，均是孟兆祯对"借景"思想进行实际应用的具体表现。在此基础上，孟兆祯明确反对"纯自然"的设计取向，讲求情景交融，乐于得见倾注了理想人品的拟人化风景艺术。这种取向，回应了中国园林的历史传统，亦与国际风景园林的发展趋势高度一致。

二、时代使命

建设美丽中国已经成为中国风景园林师义不容辞的使命，孟兆祯作为中国风景园林行业的引领者，始终肩负当代园林人的责任感，强调"天人合一"的宇宙观，明确提出对自然的尊重和保护，创新必须是全面的、综合的，最重要的基础是人和自然的协调。孟兆祯十分强调与时俱进，要立足中国国情，结合现代生活，做人民需要的设计。在矢志不渝地为"中国梦"不懈奋斗的过程中，他关注国家发展脉搏，与时俱进，从"守正创新""人类命运共同体""中国特色、中国风格、中国气派"等国家政策方针找寻到风景园林行业发展的新思路，为我国风景园林事业的发展作出了卓越贡献。孟兆祯坚持"与古为今""守正创新"，真正树立了中国园林传承与创新尝试的范本。

孟兆祯不但对于中华文化有着广博而精辟的理解，对于西方文明也是以豁达和开放的态度对待。他曾强调应将中国园林的核心思想与成熟理论与国外优秀的理念和手段结合，根据项目所在地域的具体条件、项目的具体需求，用当今的材料和手段服务当今的人群，从而反映当今的时代审美和价值取向。

三、践行理论

孟兆祯曾在《园衍》的第一篇"学科第一"中写道："园林学发展壮大的中心是建立在园林综合效益基础之上的。我们在设计阶段的指导思想就是要争取最大限度地发挥园林在环境效益、社会效益和经济效益中所起到的作用。"这一希冀是对风景园林学科发展目标的高度概括，也是对当今风景园林规划设计实践作出的重要指导。孟兆祯始终认为风景园林师的使命就是为人民长远、根本的利益服务的。他亲自主持创作了多项全国各地重要的园林建设工程，将传统园林的语汇与理论应用于风景园林实践，实现了从理论研究之"述"到躬行实践之"作"，并不断用实践经验来深化、修正理论的疏漏。对于园林学这个实践性很强而且以实践成果为目的、为检验标准的学科来说，孟兆祯知行合一的态度保证了其学术思想具有高度的科学性和持续的生命力。

孟兆祯是一名风景园林设计大师。他曾经创作出了很多作品，这些作品无不反映传统文化的传承与时代风格的烙印。他一直倡导中国山水园林城市建设，留住城市独特的山水格局和绿水青山塑城市风貌，为人民服务，实现"人与天调，天人共荣"。深圳仙湖植物园是改革开放之初的一个杰出案例。如今30多年过去了，深圳仙湖植物园已经成为国内一流、国外知名的植物园，引领了后来国内地方植物园规划建设的发展模式。孟兆祯非常重视一个地区、一个城市、一个项目的历史与文化渊源，每逢下笔总是要在充分分析的基础上度调而行。柳州柳侯公园改造总体设计、紫山灵境风景名胜区总体规划以及苏州虎丘风景区规划方案无不遵循此道，均取得了良好效果。他还十分关心首都历史文化名城保护工作，北京市公园管理中心总工程师李炜民在《不忘初心·砥砺前行》一文中指出，孟兆祯身处北京，长期以来一直致力于首都历史文化名城保护与古典园林的修复工作，积极推动北京现代园林的建设与发展。

在实践中，孟兆祯十分重视对客观规律的分析，讲求特定主题、对象与环境的圆融，以时空的结合为其设计思维的客观依据，重视对科学和技术的理解与把握。他将现代科学及工程技术引入对传统技艺的解读，以现代的科学知识和方法来认识和发展中国传统园林艺术，理论实践相结合，从思想体系、方法、技术手段上对中国园林文化进行完整诠释，丰富并发展了中华传统景园文化的精神，更是对当代社会实践的积极响应。孟兆祯的实践中总是力争将传统与创新运用于不同尺度、不同类型的景园设计中。在中国（北京）国际园林博览会"盛世清音"瀑布假山的设计中，传承之处在于从胸中之山到眼中之山，从眼中之山到手中之山，以"十山戴石"之山体结构，利用不断深化、曲化山谷并回折山坡抱谷，将瀑布假山嵌入土山谷中；创新之处在于运用烫制石山模型推敲设计，再由假山师傅根据模型空间结合实地、石材进行调整，变模型空间为实际山水空间。在河北邯郸赵苑公园照眉矶设计中，传承之处在于沿用了梳妆、照眉的主题，引水入园，结合城市中水，将西部作为全园水的源头，并借景古迹照眉池，引水向东，利用伸入水中的2块用地设照眉台与照眉矶；创新之处在于因地成景，茹古涵今的特色现代景观，"远观有势，近看有质"山石组合单元与整体比例协调、适中。孟兆祯秉持"人与天调，天人共荣"的传统文化理念，结合时代特征、地方特色和文化背景，以实践促理论，实现了理论与实践共生长。

中国风景园林要担负起21世纪引领世界风景园林的重任，又必须发展和创新目标和价值观。"从来多古意，可以赋新诗"，孟兆祯十分关注当今中国的发展，从传统园林到人居环境，从人居环境到城乡建设，从城乡建设到国土生态，他对现实问题密切关注，且视角愈加广泛。在这一过程中，他也在不断发展、反馈、校正和提高自己，这种与时俱进的精神也让其学术理论常常具有强烈的时代感和包容性。

参考文献

成玉宁, 单梦婷. 行云流水: 试论孟兆祯院士的文人园林情怀[J].风景园林, 2014, (3): 28-31.

成玉宁. 由《园冶》到《园衍》: 论孟兆祯中华风景园林思想的传承与创新 [J]. 中国园林, 2018, 34(1): 58-61.

高翔. 谢天谢地谢恩师,园冶园衍园林梦 [J]. 风景园林, 2014(3): 154-155.

高翔. 守卫自然和文化的孟兆祯院士[J]. 中国园林, 2018, 34(1): 62.

贾建中. 感悟:中国园林观: 学习孟兆祯学术思想的一些体会 [J]. 中国园林, 2018, 34(1): 51-52.

金柏苓. 孟兆祯院士学术思想的基础与源泉 [J]. 风景园林, 2014(3): 143-144.

李金路. 林间若去伪,园中梦照真: 孟兆祯院士学术思想论坛的几点启示 [J]. 风景园林, 2014(3): 153-154.

李炜民. 不忘初心, 砥砺前行 [J]. 中国园林, 2018, 34(1): 54-57.

林箐. 访风景园林教育家孟兆祯院士 [J]. 风景园林, 2011(2): 16-17.

刘秀晨. 一个园林大家对艺术的独白: 记孟兆祯院士[J].中国园林, 2018, 34(1): 43-45.

孟兆祯. 认识苏州古代园林 [J]. 中国园林, 2010, 26(7): 15-18.

孟兆祯. 园衍[M]. 中国建筑工业出版社, 2012: 14.

铁铮. 本于传统, 源于自然: 记中国工程院院士、北林大教授孟兆祯[J]. 中国高等教育, 2000(5): 25-26.

王绍增. 旷野辉星: 孟兆祯院士于20—21世纪之交在风景园林史上的贡献[J]. 风景园林, 2014(3): 148-149.

王向荣, 文桦. 学科和行业之健康未来应以科学发展观为指导: 访风景园林规划与设计教育家孟兆祯院士 [J]. 风景园林, 2008(3): 14-17.

夏成钢. 构建中国特色的风景园林理论 孟兆祯学术思想感悟 [J]. 风景园林, 2014(3): 36-38.

杨赉丽. 中国工程院院士: 孟兆祯 [J].林业科学, 2000(5): 1.

杨锐. 如何认识和研究孟兆祯的学术思想 [J].风景园林, 2014(3): 142-143.

朱育帆. 传承中国园林文化精神的集大成者: 记孟兆祯院士风景园林学术成就座谈会 [J]. 中国园林, 2010, 26(5): 47-49.

朱育帆. 如山 [J]. 风景园林, 2014(3): 153.

附录一 孟兆祯年表

1932年	9月13日出生于武汉
1938年	于重庆清水溪开智小学读一年级
1940年	转入重庆私立半山小学
1943年	考入重庆南开中学读初中
1945年	转入武汉文华中学读初三
1948—1952年	于重庆南开中学读高中
1952年	于重庆南开中学毕业，进入清华大学营建系和北京农业大学园艺系合办的造园专业学习
1956年	毕业于北京农业大学，获北京农业大学造园专业学士学位，留校任助教，值院系调整从北京农业大学迁到北京林学院
1960年	被评为先进教学工作者
1962年	担任北京林学院城市及居民区绿化系讲师
1964年	于北京市园林绿化学会成立大会发表第一篇学术论文《山石小品艺术初探》
1979年	于《科技史文集建筑史专辑》发表学界经典之作《假山浅识》
1980年	担任北京林学院园林系副教授
1981年	编著的《园林工程》出版
1982年	加入北京林业大学林业史研究室
1983年	代表性实践作品广东省深圳市仙湖风景植物园总体设计
1984年	课程"《园冶》例释"开课
1985年	《避暑山庄园林艺术》出版；《避暑山庄园林艺术理法赞》获林业部科学技术成果奖；担任北京林业大学园林系教授、博士生导师
1988年	任北京林业大学风景园林系主任（1988—1992年）；任北京林业大学园林规划建筑设计所所长（1988—1994年）
1989年	任中国风景园林学会副理事长
1990年	指导研究生刘晓明获IFLA国际大学生景观设计竞赛第一名暨联合国教科文组织奖，为我国大学生首次获此殊荣

1992年	被国务院批准为享受政府特殊津贴专家
1993年	深圳市仙湖风景植物园设计获广东省深圳市城市建设一等奖
1995年	深圳市仙湖风景植物园设计获获建设部优秀设计三等奖
1997年	被评为北京林业大学德育标兵；获"宝钢教育基金会"的优秀教师奖
1999年	由中国风景园林学会推举，当选中国工程院院士
2004年	获首届林业科技贡献奖
2008年	任中国风景园林学会名誉理事长
2011年	首次被中国风景园林学会评为"中国风景园林学会终身成就奖"；《孟兆祯文集：风景园林理论与实践》出版
2012年	代表性学术专著《园衍》出版
2013年	《园衍》获中国风景园林学会科技进步奖一等奖
2015年	《风景园林工程》获"第三届全国林（农）类优秀教材评奖"一等奖
2021年	第十届江苏省园艺博览会"大师园"工程（园冶园）获"中国风景园林学会科学技术奖（规划设计奖）一等奖"
2022年	于北京逝世

附录二　孟兆祯主要论著

（一）图书

[1] 孟兆祯, 毛培琳, 黄庆喜, 等. 园林工程[M]. 北京: 北京林学院, 1981.

[2] 孟兆祯. 避暑山庄园林艺术[M]. 北京: 紫禁城出版社, 1985.

[3] 中国科学院自然科学史研究所 (孟兆祯任《掇山技术》一节作者). 中国古代建筑技术史[M]. 北京: 科学出版社, 1985.

[4] 《文化生活手册》编委会 (孟兆祯任《中国园林艺术》一节作者). 文化生活手册(下)[M]. 北京: 北京出版社, 1987.

[5] 中国大百科全书总编辑委员会本卷编辑委员会, 中国大百科全书出版社编辑部(孟兆祯参与园林相关条目撰写). 中国大百科全书: 建筑·园林·城市规划[M]. 北京: 中国大百科全书出版社, 1988.

[6] 《建筑设计资料集》编委会 (孟兆祯任《园林绿化》一节作者). 建筑设计资料集3[M]. 2版. 北京: 中国建筑工业出版社, 1994.

[7] 孟兆祯, 毛培琳, 黄庆喜, 等. 园林工程[M]. 北京: 中国林业出版社, 1996.

[8] 孟兆祯. 孟兆祯文集: 风景园林理论与实践[M]. 天津: 天津大学出版社, 2011.

[9] 孟兆祯. 园衍[M]. 北京: 中国建筑工业出版社, 2012.

[10] 孟兆祯. 风景园林工程[M]. 北京: 中国林业出版社, 2012.

[11] 孟兆祯. 城市交通与道路[M]. 天津: 天津科学技术出版社, 2014.

[12] 孟兆祯. 园衍: 珍藏版[M]. 北京: 中国建筑工业出版社, 2015.

[13] 孟兆祯, 曾洪立, 孟凡. "园冶例释"课程习题学生作品集[M]. 北京: 中国建筑工业出版社, 2018.

（二）论文

[1] 孟兆祯. 山石小品艺术初探[C]//北京市园林绿化学会成立大会, 1964.

[2] 孟兆祯. 假山浅识[C]//建筑史专辑编委会. 科技史文集第二辑. 上海: 上海科学技术出版社, 1979.

[3] 孟兆祯. 北海假山浅析[C]//林业史·园林史论文集(第一集). 北京: 北京林学院林业史研究室, 1982: 62-76.

[4] 汪菊渊, 金承藻, 张守恒, 等. 北京清代宅园初探[C]// 林业史园林史论文集(第一集). 北京: 北京林学院林业史研究室. 1982: 49-61.

[5] 孟兆祯. 京西园林寺庙浅谈[J]. 城市规划, 1982(6): 52-56.

[6] 孟兆祯. 避暑山庄园林艺术理法赞[C]//林业史园林史·论文集(第二集). 北京: 北京林学院林业史研究室, 1983.

[7] 孟兆祯. 中国传统园林及风景要览[C]//林业史·园林史论文集(第二集). 北京: 北京林学院林业史研究室, 1983.

[8] 孟兆祯. 中国古典园林与传统哲理[C]//林史文集第一辑. 北京: 中国林业出版社, 1990.

[9] 孟兆祯. 第七讲: 掇山之相石、结体与水景[J]. 古建园林技术, 1991(2): 51-59.

[10] 孟兆祯. 相地合宜, 构园得体: 深圳市仙湖风景植物园设计心得[J]. 中国园林, 1997(5): 2-5.

[11] 孟兆祯. 深圳仙湖植物园[C]//刘少宗. 中国优秀园林设计集3. 天津: 天津大学出版社, 1997: 182-191.

[12] 孟兆祯. 城市化进程中的风景园林[J]. 中国园林, 1998(3): 2-5.

[13] 孟兆祯. 颐和园理水艺术浅析[C]//颐和园建园250周年纪念文集. 北京: 五洲传播出版社, 2000.

[14] 孟兆祯. 新在绿更浓[J]. 中国园林, 2000(1): 12-13.

[15] 孟兆祯. 寻觅契机, 创造特色: 21世纪北京园林建设刍议[J]. 中国园林, 2001(4): 3-4.

[16] 孟兆祯. 园林建设顾误录[J]. 中国园林, 2001(6): 28-29.

[17] 孟兆祯. 园林设计之于城市景观[J]. 中国园林, 2002(4): 14-17.

[18] 孟兆祯. 人与自然协调, 科学与艺术交融: 论风景园林规划与设计学科[J]. 北京林业大学学报, 2002(Z1): 292-293.

[19] 孟兆祯. 师法自然, 天人合一: 论中国特色的城市景观[J]. 建设科技, 2003(1): 68-69.

[20] 孟兆祯. 共尽园林设计师的天职[J]. 中国园林, 2003(4): 78.

[21] 孟兆祯. 论中国特色的城市景观[J]. 建筑学报, 2003(5): 22-23.

[22] 孟兆祯. 园林建设顾误再谈[J]. 中国园林, 2004(1): 11-14.

[23] 孟兆祯. 继往开来, 与时俱进: 浅谈城市生态[J]. 风景园林, 2004(54): 9-11.

[24] 孟兆祯. 人居环境中的园林[J]. 中国园林, 2005(1): 59-61.

[25] 孟兆祯. 从来多古意, 可以赋新诗: 继承和发扬中国园林优秀传统[J]. 广东园林, 2005(1): 6-7.

[26] 孟兆祯. 从来多古意, 可以赋新诗: 中国风景园林设计理法[J]. 风景园林, 2005(2): 13-18.

[27] 孟兆祯. 师恩浩荡: 怀念汪菊渊先生[J]. 中国园林, 2006(3): 12-13.

[28] 孟兆祯. 中日韩园林的相似性与独特性[J]. 中国园林, 2006(11): 26-28.

[29] 孟兆祯. 中国风景园林的特色[J]. 广东园林, 2006(1): 3-7.

[30] 孟兆祯. 中国风景园林传统特色[J]. 中国园林, 2007(4): 31-32.

[31] 孟兆祯. 奠基人之奠基作: 赞汪菊渊院士遗著《中国古代园林史》[J]. 中国园林, 2007(6): 3-4.

[32] 孟兆祯. 正直、勤学、多贡献的周维权先生[J]. 中国园林, 2007(10): 35.

[33] 孟兆祯. 纪念终生以中国风景园林事业为己任的李嘉乐先生[J]. 中国园林, 2007(11): 48.

[34] 孟兆祯. 中国风景园林师的天职: 继往开来, 与时俱进[J]. 中国园林, 2008, 24(12): 27-32.

[35] 孟兆祯. 顾后瞻前: 1952级造园专业新生谈风景园林教育[J]. 中国园林, 2009, 25(1): 1-4.

[36] 孟兆祯. 同臻千古风景之胜, 独创盛世园林之新: 赞建国六十年来的广东园林[J]. 广东园林, 2009, 31(4): 5-6.

[37] 孟兆祯. 浅谈城市的安全和规划的基点[J]. 城市规划, 2009, 33(11): 16-17.

[38] 孟兆祯. 认识苏州古代园林[J]. 中国园林, 2010, 26(7): 15-18.

[39] 孟兆祯. 众志成城的深圳建设: 纪念深圳特区30周年[J]. 风景园林, 2010(5): 56-57.

[40] 孟兆祯. 敲门砖和看家本领: 浅论风景园林规划与设计教育改革[J]. 中国园林, 2011, 27(5): 14-15.

[41] 孟兆祯. 身体力行科学发展观[J]. 中国园林, 2011, 27(11): 50.

[42] 孟兆祯. 着眼三世广东园林[J]. 广东园林, 2011, 33(3): 4-8.

[43] 孟兆祯. 山水城市: 山水品格, 中国特色[J]. 广东园林, 2011, 33(6): 9.

[44] 孟兆祯. 山水城市知行合一浅论[J]. 中国园林, 2012, 28(1): 44-48.

[45] 孟兆祯. 借景浅论[J]. 中国园林, 2012, 28(12): 19-29.

[46] 孟兆祯. 人居环境中的风景园林[J]. 风景园林, 2012(3): 152.

[47] 孟兆祯. 美哉广东风景园林[J]. 风景园林, 2012(6): 88-90.

[48] 孟兆祯. 叩谢汪师领我入门[J]. 中国园林, 2013, 29(12): 35-36.

[49] 孟兆祯. 向孙筱祥教授致以学子的敬礼[J]. 风景园林, 2013(6): 4-5.

[50] 孟兆祯. 风景园林梦中寻: 传统园林因融入中国梦而更加辉煌[J]. 中国园林, 2014, 30(5): 5-14.

[51] 孟兆祯. 锦绣前程中国梦, 融入行云水流清[J]. 风景园林, 2014(3): 158.

[52] 孟兆祯. 传承越论越传承, 道法自然文为心[J]. 风景园林, 2014(3): 139-140.

[53] 孟兆祯. 人民呼唤绿水青山[J]. 中国园林, 2015, 31(12): 32-34.

[54] 孟兆祯. 园林城市体系体现了中华民族天人合一的宇宙观[J]. 城乡建设, 2016(3): 20.

[55] 孟兆祯. 把建设中国特色城市落实到山水城市[J]. 中国园林, 2016, 32(12): 42-43.

[56] 孟兆祯. 有效保护和科学利用广东古代名园[J]. 广东园林, 2016, 38(6): 4-6.

[57] 孟兆祯. 挚谢厚爱, 促奋新蹄[J]. 中国园林, 2018, 34(1): 40-42.

[58] 孟兆祯. 时宜得致, 古式何裁: 创新扎根于中国园林传统特色中[J]. 中国园林, 2018, 34(1): 5-12.

[59] 孟兆祯. 美丽中国园林教育[J]. 风景园林, 2018, 25(3): 12-14.

[60] 孟兆祯. 屡得感悟挚贺寄畅老人生生不息[J]. 风景园林, 2018, 25(11): 12-13.

[61] 孟兆祯. 中国风景名胜区的特色[J]. 中国园林, 2019, 35(3): 5-8.

[62] 孟兆祯. 难忘的孙筱祥先生[J]. 风景园林, 2019, 26(10): 15-16.

[63] 孟兆祯. 大鹏风舞中国传统园林: 纪念深圳特区成立40周年[J]. 风景园林, 2020, 27(10): 10-12.

附录三　孟兆祯重要成果

（一）学术成果奖项

序号	获奖时间	项目名称	奖励名称
1	1985 年	《避暑山庄园林艺术理法赞》	林业部科学技术成果奖
2	2013 年	《园衍》	中国风景园林学会科技进步奖一等奖
3	2015 年	《风景园林工程》	"第三届全国林（农）类优秀教材评奖"一等奖

（二）设计成果奖项

序号	获奖时间	项目名称	奖励名称
1	1993 年	深圳市仙湖风景植物园设计	广东省深圳市城市建设一等奖
2	1995 年	深圳市仙湖风景植物园设计	建设部优秀设计三等奖
3	1996 年	北京市花园别墅园林环境设计（现称丽晶花园别墅）	林业部优秀工程设计奖
4	2021 年	第十届江苏省园艺博览会"大师园"工程（园冶园）	中国风景园林学会科学技术规划设计奖一等奖

（三）设计成果

序号	时间	设计成果名称
1	1978 年	河北省西柏坡革命纪念馆绿化种植设计；北京市植物园宿根花卉园设计
2	1980 年	山东省烟台市滨海"惹浪亭"设计；山东省烟台市南山公园"角海"设计、"牧云阁"假山设计
3	1982 年	北京市北京饭店"贵宾楼"中庭园林设计方案
4	1983 年	甘肃省敦煌市"月牙泉"重建总体设计；北京市"大观园"假山设计；广东省深圳市仙湖风景植物园总体设计
5	1984 年	广东省深圳市"红云圃"老干部活动中心总体设计及假山设计

序号	时间	设计成果名称
6	1985 年	中国人民解放军北京三○一医院"康复楼""安园"总体设计； 广东省深圳市东湖公园总体设计
7	1987 年	浙江省千岛湖国家风景名胜区"东铜关"景区规划； 河北省北戴河滨河公园改建方案设计
8	1988 年	广东省深圳市东湖公园"杜鹃园"设计及"匙羹山"改建设计； 山西省吉县壶口瀑布"神龙脊"长石桥设计
9	1990 年	北京市丽京花园公寓环境规划及设计； 北京市紫竹院公园假山设计（湖边德乐楼周边）
10	1991 年	山东省青岛市前海带状公园方案设计
11	1992 年	海南省海口市绿地系统规划
12	1993 年	海南省三亚市绿地系统规划；海南省海口市金牛山公园总体规划； 辽宁省大连市经济技术开发区中心公园总体规划及设计
13	1994 年	内蒙古自治区包头市南湖公园总体设计； 河南省濮阳市经济技术开发区中心公园总体设计
14	1995 年	广东省深圳市南山公园方案设计；河南省焦作市云台山风景区总体规划； 辽宁省沈阳市"夏宫"水上乐园假山设计； 河南省郑州市金水河带状公园总体设计
15	1996 年	吉林省长春市南湖公园总体设计；吉林省长春市经济技术开发区城市广场设计方案；上海市浦东新区"二十一世纪"公园方案设计
16	1997 年	福建厦门市瑞景花园住宅区环境设计
17	1998 年	韩国首尔市庆熙大学校内中国园"衍清园"设计； 内蒙古自治区达拉特旗白塔公园总体设计
18	1999 年	江苏省苏州市"虎丘"风景区总体规划
19	2002 年	河北省邯郸市赵苑公园总体规划设计；浙江省杭州市花圃设计
20	2005 年	北京市奥林匹克森林公园"林泉奥梦"假山设计； 山东省济南市百脉泉公园"秀眉清照"设计
21	2006 年	江苏省扬州市瘦西湖"石壁流淙"假山设计
22	2007 年	北京市中国工程院综合办公楼园林绿化环境设计
23	2013 年	第九届中国（北京）国际园林博览会"盛世清音"瀑布假山设计； 北京市毛主席纪念堂庭院环境设计
24	2017 年	第十届江苏省（扬州）园博会园冶园"琼华仙玑"设计； 第十二届中国（南宁）国际园博会广西园"寻梦天香"展园设计
25	2020 年	第十三届中国（徐州）国际园博会"清趣园"展园设计
26	2021 年	四川省成都市蜀真公园"艺海妙谛"设计

亲爱的孟院士：

亲爱的读者：

　　本书在编写过程中搜集和整理了大量的图文资料，但难免仓促和疏漏，如果您手中有院士的图片、视频、信件、证书，或者想补充的资料，抑或是想对院士说的话，请扫描二维码进入留言板上传资料，我们会对您提供的宝贵资料予以审核和整理，以便对本书进行修订。不胜感谢！

留言板

来信请寄：北京市西城区刘海胡同7号中国林业出版社316室　　100009